飯店文化建設

案例解析

魏星 編著

目錄

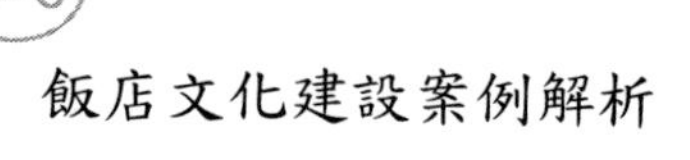

第一章 飯店管理與文化

現代飯店管理理論進入中國的時間並不長，與飯店業發達國家相比，中國的飯店整體管理水準還不盡如人意。隨著市場經濟的逐步建立完善，中國的飯店業規模不斷擴大，設施與時俱進地得到了改善，但「管理落後」的被動局面，並沒有因為規模與設施的提升而同步改觀。尤其是加入WTO之後，按照中國加入世貿組織協定書中的承諾，中國飯店業已於2006年之前全面開放市場，這既為中國飯店業帶來了發展機遇，也帶來了挑戰，迅速提高飯店管理水準仍是擺在我們面前的當務之急。

飯店管理的實質，就是對飯店組織內部資源的有效整合。有效的飯店管理能夠提高飯店的勞動效率，降低飯店的交易成本，從而提高飯店的營業利潤。而飯店文化作為飯店管理理論之一，它是從一個全新的視角來思考和分析飯店這個經濟組織的運行，把飯店管理和文化之間的聯繫視為飯店業發展的生命線，把飯店管理從技術、經濟層面提升到文化層面上。真正的飯店文化也是與飯店經營管理實際相結合的，任何飯店的管理與文化一旦脫節，其發展結果可想而知，中國一些飯店之所以破產倒閉，無不與其僵化落後的管理體制和文化有關。

因此，飯店文化的建設，實際上是飯店管理的一項長期任務，飯店文化主要包括物質、行為（制度）和精神層三個層次。這三個層次是緊密聯繫的：物質層是飯店管理和文化的外在表現和載體，是行為（制度）層和精神層的物質基礎；行為（制度）層約束和規範著物質層和精神層的建設，沒有嚴格的規章制度，飯店管理和文化則無從談起；精神層是形成物質層和行為（制度）層的思想基礎，是飯店管理與文化的核心。

飯店內外環境是不斷變化的，飯店管理和文化也必須相應地進行調整、更新、豐富、發展。成功的飯店不僅需要認識當前的環境狀態，而且還要了解其發

展動向，並能夠有意識地調整自身行為，選擇合適的飯店文化以適應挑戰。

本章試圖從管理的角度來闡明飯店管理與文化建設的重要性。其中有成功轉型、不斷創新的案例，也有體制不適應市場經濟發展變化和管理水準低下而導致經營虧損的案例。希望透過這些案例的分析，我們能從中得到一些啟迪：飯店文化是飯店管理之魂。只有在加強飯店管理的過程中，不斷加強飯店文化建設，才能在日益激烈的市場競爭中立於不敗之地。

1-1 廣西X飯店——體制決定命運

案例介紹

廣西X飯店是一家三星級合資飯店，前身是市政府下屬的招待所，當時已有十年歷史。1994年引進外資，國有資產占股份60%，外商占股份40%，成為中外合資飯店，享受三資企業的政策待遇，職員也享受比國營企業職員高的福利待遇。該飯店地處市內商業圈中心，交通方便。飯店占地面積約為6公頃，擁有150多間豪華房、標準客房、套房，還配有中西餐廳、卡拉OK、三溫暖健身中心、保齡球館、美容美髮中心、露天高爾夫球練習場、棋牌麻將室、商務中心、車隊等。員工約450人，是該市規模較大、檔次較高的飯店。經營熱門了兩三年之後，該市星級飯店又有兩家先後開幕，競爭日益加劇。由於X飯店管理不善，競爭乏力，業績開始下滑，一直在低水準利潤率上維持。近兩年開始出現虧損，經營慘澹，並已做好申請破產的準備。

筆者在該市調查時了解到，X飯店合資後，管理體制與中國國營企業大同小異，沒有什麼大的變化。大廳設備雖煥然一新，但管理團隊基本上是招待所原班人馬，只從一家香港飯店管理公司聘請了一人任常務副總經理，但無力回天。經調查，X飯店的主要問題，歸納起來有如下幾點：

（1）在人事管理上，除了聘用部分年輕員工外，大部分都是資深員工，中階層管理者更是清一色的「老革命」；在員工的任用上，雖然也考慮能力，但主

要還是論資排輩，管理人員互不買帳，明爭暗鬥，沾有官場習氣。

（2）在分配體制上，以「大鍋飯」為主，績效考核為輔；事多事少獎金差不多，沒有合理拉開收入等級。

（3）在思想觀念上，存在著貪占國家資產的思想，管理層負責人與其下屬親信互相串通，個人私利與飯店利益發生衝突時，犧牲飯店利益，損公肥私。

（4）在制度執行與監督上流於形式。各項規章制度不可謂不齊全，但執行不力，不到位；管理層不能以身作則、率先垂範遵守制度，對下屬也因關係親疏而獎懲尺度不一。

（5）管理人員管理水準不高。管理人員學歷普遍偏低，多為因資深而被提拔重用，雖有一定的經驗，但現代飯店管理知識匱乏，學習風氣不濃。

案例分析

X飯店雖然順應潮流進行了改革，但基本上是換湯不換藥，新瓶裝舊酒，不徹底，不全面，沒有觸及根本問題。形式上是股份制合資飯店，實際上與國營企業性質並無二致。

那麼，如何才能改變現狀，使X飯店起死回生呢？在這方面，蘇州市屬國資飯店的體制改革經驗值得借鑑。具體可採取如下措施。

1.進行飯店股權改革和身分置換

X飯店無論是思想觀念、人事管理，還是分配體制、管理制度等問題，歸根結柢是體制問題，體制決定著飯店的命運。由於X飯店沒有實行產權改革，因而其股份制改造也就只能流於形式。因此，從根本上進行體制性改革，才是X飯店的根本出路。這既是市場經濟發展的需要，也是參與國際競爭的必然選擇。只有對國有產權進行改制，對所有員工進行身分置換，才能改變舊的觀念，改出新的體制，改出新的氣象。具體可採取以下措施：

一是制定股權設置原則。如可採取「經營者持大股，骨幹決策層多持股，職

員入股自由」的原則，按照民主程序和法定要求，確定股權比例，職員持股建立職員持股會。

二是實行職員身分置換。即實現職員身分由國有企業職員向市場經濟體制下的勞動者置換，建立新型的勞動關係。對職員過去在國有（集體）企業工作期間的勞動，以及對職員按市場化要求重新簽訂或解除勞動合約後的安置，給予合理的經濟補償。

三是實行新的用人制度。可以全部接收願意進入飯店工作的職員，凡距法定退休年齡不足十年的職員，可以重新簽訂勞動契約，契約期一律簽至法定退休年齡。不願進入改制後飯店的職員，飯店可以現金形式一次支付其安置費，自動解除與該職員的勞動關係，該職員可享受失業保險待遇。

2.必須在經營管理上創新

過去的產權觀念、體制限制和契約精神相對滯後等因素對X飯店經營管理形成了束縛，要徹底擺脫桎梏，就必須進行經營管理上的創新。必須不斷拓展經營渠道，探索管理新模式。目前，中國已有不少飯店在體制改革後，在經營管理上活力倍增，這方面的成功實例不少。

3.必須吸納優秀的飯店經營管理人才

飯店的競爭，很大程度上是人才的競爭。飯店可以透過社會調查、考評選擇、高薪聘請、智力入股等手段，廣納人才，積極探索飯店經營權和所有權分離的經營模式。

根據中國一些改制飯店的成功經驗，透過實施上述三項基本措施，完全可以幫助X飯店擺脫現有體制的束縛，改變局面。第一，可以徹底解除用工與用人的制約，員工進出由飯店和員工雙向選擇。身分置換後的員工，思想觀念自然會發生根本的轉變，效益與自身利益緊密相聯，其工作積極度、責任心將會普遍增強，服務技能、服務態度、服務品質也會得到整體提升。第二，改制能使X飯店放下不少經濟福利上的包袱，輕裝上陣。如退休人員的工資、養老金的支付，均由社會保障部門支付，從而減輕企業負擔。第三，飯店自主權能夠得到保證。

現在，許多國有飯店改制後，其經濟效益明顯提高。如江蘇的蘇州飯店改制後，三個月客房出租率增長28%，營業收入比去年同期增加15%，利潤比去年同期增長100%。他們改制的成功經驗，是值得類似X飯店的同行們學習和借鑑的。

案例啟示

據2005年中國旅遊業統計公告，中國各類註冊的星級飯店中，國有飯店5482家；集體經濟飯店1007家；有限責任公司1547家；私營企業1264家；外商投資190家；港澳臺投資341家；其餘為聯營、股份合作等類型（參見《旅遊調研》2006年第1期）。在國有及集體所有制飯店中，許多屬於滿足地方、部門利益而建立的「樓堂館所」，或是一些企事業單位的附屬機構，產權不明確，經營方式多樣化，沒有建立完善的現代企業制度和法人治理結構，對市場競爭缺乏主動性與適應性。近幾年來，隨著飯店體制改革力度不斷加大，飯店管理方式、組織結構正朝合理化、科學化、市場化轉變。但相對而言，飯店產權體制的變革層次更深，難度更大，是整個飯店管理體制變革的關鍵。

但值得注意的是，在幾年來的變革實踐中，我們常常注重於飯店體制的「硬要素」，對飯店文化這樣的「軟要素」重視不夠，以致於在飯店體制改革基本完成之後，傳統的思想觀念、行為習慣尚未從根本上得到改變，使得一些飯店管理者思路迷茫、觀念矛盾、管理行為不協調，從而導致經營無戰略、競爭無優勢。因此，在進行體制改革的同時，必須不斷變革傳統的、落後的思想觀念，建立新型的飯店文化。否則，飯店體制的變革就會缺少先進觀念的支撐和科學理論的指導，進而會產生更多的矛盾和衝突。

資料來源

呂菊・蘇州市屬國資飯店體制改革的基本做法・中國旅遊報

案例思考

1.為什麼說X飯店的改革是「換湯不換藥」，不是根本性的改革？

2.如果說「體制決定飯店的命運」，那麼，加強飯店管理，建設飯店文化，要從哪幾個方面著手？

1-2 山西陽泉賓館——走改革創新之路

案例介紹

1.基本情況

陽泉賓館是一家綜合服務型的三星級國營飯店，是陽泉市委、市政府的主要接待單位。賓館建於1984年，1987年開始使用，由一棟13層主樓和一棟3層後樓組成，位於中國陽泉市主要街道北大街中段，年接待能力達10萬／人．間．夜以上。內設中央空調、監視系統、自動消防裝置，有客房229間，床位462張，分標準房、雙人房、三人房、總統套房，有中西式餐廳17間，大、中、小型會議室14間，另有一座可容納800人的會議廳，以及集游泳、舞廳、健身、網球、三溫暖、咖啡廳、茶藝休閒中心為一體的娛樂中心，具有同時接待700人宴會的能力，能滿足不同檔次客人的需要。

2.經營狀況

2002年營業收入2700萬元，人均營業額5.5萬元，創歷史最佳水準。近幾年來，陽泉賓館多次被中國山西省旅遊局評為全省「最佳三星級飯店」；被評為省級「青年文明號」公示單位；連續多年被陽泉市委、市政府命名為市級「文明單位」。

3.管理措施

一是以市場為導向，果斷提出「轉換經營機制，更新觀念，增強市場競爭意識」的總體思路；二是改變賓館多年來形成的因循守舊的經營管理模式，樹立賓館新的形象；三是改革用人制度，大膽啟用年富力強、工作踏實、業務熟練的員

工擔任中階層以上管理幹部，使管理階層老中青搭配，確保賓館各部門的配合，促進工作效率的大幅度提高；四是創新經營，圍繞一個「活」字，在個性服務上下足工夫，滿足不同客人的需求，如開設商務用房、婦女用房、夫妻專用房及鐘點休憩房，使客房使用率穩步上升。

案例分析

山西陽泉賓館是地處中國西部省分一個地級城市的三星級飯店，之所以要選擇它作為案例研究的對象，並不是因為它管理得最成功，經營得最出色，而是因為除了沿海發達地區外，西部地區像這類飯店比較多，城市消費水準、飯店管理水準相差不大，以它為研究對象，更有代表性，更能說明問題。山西陽泉賓館經營成功，主要有如下幾個方面的因素：

1.有強烈的改革意識

國營飯店的管理難度是最大的，觀念問題、體制問題時常給管理帶來一些矛盾。如何處理，主要靠領導團隊的水準和能力了。陽泉賓館的管理階層之所以能找到問題，對症下藥，強力推進改革，與他們所具有的管理意識、競爭意識和效益意識是分不開的。

2.管理措施得力

首先，他們在人事上敢於大膽啟用年輕人，既放心又放權，同時，下任務，定指標，提出「完不成任務下台，換不了思想換人」的管理口號，促使他們快馬加鞭，努力工作。

3.在經營上有所創新

國營飯店最大的通病，是「皇帝的女兒不愁嫁」，經營模式老套，競爭力差，尤其在創新經營、開拓經營等方面的能力不強。但陽泉賓館在經營上做活了文章，在個性服務上下足了工夫，這是非常難能可貴的。

案例啟示

國營企業能否有持續的競爭力，與企業產權、管理體制、改革方向有極大關係。隨著市場經濟體制不斷完善，個人與外商投資的飯店會不斷增多，市場的競爭也將更激烈。因此，現代企業制度的改革勢在必行。事實證明，陽泉賓館有規範的管理，但並不一定有自己的文化。因為飯店文化的建設是一項長期的任務，並不是完全靠制度和口號及幾項措施就能建立的，它畢竟是一項系統工程，真正要建立自己的飯店文化還任重道遠。

資料來源

黑馬・求真務實 圖謀發展——陽泉賓館改革創新紀實・陽泉新聞網

案例思考

中國國營飯店當前面臨的主要任務是什麼？你是否認為國營飯店比私營的、股份的，甚至外資的飯店更有競爭力？為什麼？

1-3 湖南華天大酒店——與時俱進，科學決策

案例介紹

1.基本情況

湖南華天大酒店股份有限公司始建於1985年，1988年5月8日開幕，1996年8月8日上市，目前擁有員工近 9000人，總資產35億元，下屬全資、控股及具有實際控制力的子公司28家，經營版圖遍及香港、北京、廣州、深圳、成都、海南等中國各城市及東南亞、歐美等地區。華天位居中國飯店業20強，全球300強，擁有25家連鎖酒店和5家餐飲連鎖店，其中五星級酒店4家，四星級酒店8家，託管總資產約75億元。近兩年，在開拓產權式酒店和經濟型酒店兩個新型業態上，華天又做出了不俗的成績。華天的目標是每年擴增高星級酒店3～5家，經濟型酒店30～40家，最終成為酒店業的知名品牌。

總店中國長沙華天大酒店，是五星級商務酒店，由貴賓樓、迎賓樓、裙樓、娛樂城、立體停車場和綜合樓組成。貴賓樓30層，迎賓樓21層，共有標準、豪華客房700多間，還有中餐廳、西餐廳、咖啡廳、酒吧、茶坊、多功能廳、國際商務會所、健身房、保齡球中心、大劇場、游泳池、三溫暖中心、網球場、商場、洗衣中心、商務中心、票務中心、計程車隊等綜合服務設施。酒店內配備了目前世界上最先進的高速電梯、監控系統、同步翻譯系統等一系列現代化設施，還有可直接飲用水與無氟無汙染環保冰箱以及環保家具。整個酒店具有智慧化、環保化和人性化的特點。

華天大酒店是中國湖南省首家享有盛譽的超豪華五星級酒店，先後加入「國際金鑰匙組織」、「中國名酒店組織」、「世界一流酒店組織」，獲得「中國飯店業集團20強」、「全球飯店業300強」、「中國飯店民族品牌先鋒」等榮譽，並獲得服務領域國際最高榮譽獎項「五星鑽石獎」。在省內，已獲得「湖南旅遊飯店業特殊貢獻獎」、湖南省旅遊局旅遊星級飯店「優秀品牌獎」，被評為旅遊培訓教育工作先進單位。酒店董事長陳紀明先生獲國際金鑰匙組織「終身榮譽會員」、「世界最佳飯店經營者獎」、「2003中國飯店業年度十大人物」等榮譽。

2.與時俱進，科學決策

華天大酒店是由最早的一家軍隊招待所逐步發展起來的，多年來，酒店決策層始終堅持「人無我有，人有我新，人新我超前」的決策方針，與時俱進，勇於創新，形成了一整套科學規範的管理模式，包括現代企業管理體制、嚴格的品質標準、規範的服務程序等，使酒店多年來一直處於行業領先地位。華天「以提高整體效應為目標的企業集團管理」模式，獲國家管理現代化創新成果一等獎。

1990年，為了適應客源市場結構的變化，他們將8號樓的普通客房改造為豪華商務套房，使客源提高了一個檔次；1991年又頂住壓力，冒著風險，集資把6號樓、7號樓的普通標準客房改為豪華商務套房；1993年，繼續改造2號樓至6號樓；1994年，將14號樓、15號樓的客房改造成總統套房、大使套房、行政套房，其古色古香的家具、名貴的字畫、先進的通訊設備和其他高檔設施，提高了

整個酒店的檔次，增強了競爭力，確立了華天大酒店在湖南的一流商務型酒店地位，成為長沙接待外賓的主要場所。

在餐廳硬體設施的更新改造方面，注重特色。幾年中，先後將二樓宴會廳改造成「湖洲金閣」餐廳，將一樓宴會廳改為「東方美禽宮」。改設為特色餐廳之後，餐飲收入比前一年提高了1.8倍，在長沙同業中獨領風騷。隨後，又開設了泰國餐廳，從裝潢，到廚師、服務，都是地道的泰式，其收入占餐飲收入的76.2%。後來，又增設了西餐廳、華天閣中餐廳、綠陰大廳吧、酒吧等服務設施。華天的餐飲收入已占華天酒店收入的50%～60%。

在娛樂設施方面，他們大膽地將原來的舞廳改造為高級夜總會，開了長沙高級夜總會的先河，提升了酒店娛樂的人氣和財氣。在後來整個湖南夜總會蜂擁而起的時候，他們又及時轉向，投資3000多萬元，興建了10000 多平方公尺、高8層樓，具有國際先進水準的娛樂城，在長沙率先設了面積2000平方公尺的保齡球場，與可容納 1000多人的華天大劇場。劇場為宮廷結構，流光溢彩，融東方典雅與西方浪漫於一體，舞台正中央裝有義大利風格大型電視螢幕牆，燈光音響設備都是頂級名牌；劇場內設有寬敞舒適的雅座，樓上有風格冏異的中式、日式、歐式、俄羅斯式、阿拉伯式KTV包廂。另外，還增設了國際商務會所、保齡球、桌球、網球、游泳、健身、三溫暖、美容美髮等設施。

2001年，為了確保高級飯店的地位，華天大酒店投資擴建、新建了貴賓樓、迎賓樓、裙樓、立體停車場和綜合樓。

案例分析

湖南華天大酒店之所以能從一個小型的軍隊招待發展壯大起來，並且在飯店業中始終保持優勢地位，與其決策層與時俱進、超前決策是分不開的。華天大酒店管理決策的成功，主要得益於決策層的三個意識：

1.開放意識

華天大酒店創建於1980年代初，隨著社會小生產向社會大生產的發展，社

會的意識形態開始發生變革。而華天大酒店決策層審時度勢，思想觀念不斷開放，在決策時，思考問題的角度是辯證的，眼光是長遠的。1990 年的中國飯店業市場機遇與挑戰並存，華天大酒店大膽決策，開始定位於為高端商務客源服務，在資金緊張的情況下，將8號樓普通客房改為豪華商務套房，使客源提高了一個檔次；第二年又頂住壓力，冒著風險，集資把 6號、7號樓普通標準客房改為豪華商務套房；隨後幾年，又不斷進行客房改造。這在當時沒有強烈的開放意識和膽略是不可能做到的。當然，他們這種開放意識並不是盲目的，而是在接受外界新事物、新知識、新訊息之後形成的。

2.超前意識

華天能取得如此輝煌的成績，也與其「敢為天下先」的超前意識分不開。只有意識超前，才能發展超前。多年來，華天大酒店在硬體建設與改造上一直沒有停止過，一直走在湖南飯店業的前面，發揮著標竿和領跑者的作用。目前，華天在湖南旅遊業界創造了近十餘項第一：第一家高星級飯店，第一家湖南旅遊業上市公司，第一家加入「國際金鑰匙組織」，第一家成立旅遊酒店集團公司等等。華天的領跑者形象受到了政府的關注及社會各界人士的好評。湖南省主管旅遊業的領導給予其高度評價：華天不愧為湖南旅遊乃至服務行業之典範，管理之樣板，行業之旗幟，產業之龍頭，人才之搖籃。

3.競爭意識

在飯店業競爭日趨激烈的今天，為了確保在湖南飯店業的領先地位，華天不僅注重資本、設備設施等硬實力的投入，還日益注重管理、文化、品牌等軟實力培育，並不斷擴大市場範圍，從湖南開始走向全國，形成了自己特有的核心競爭力。

案例啟示

時代在發展，市場需求每天都在變化。飯店如果不與時俱進，就無法贏得消費者的青睞，也就無法在競爭激烈的市場中立於不敗之地。

有些開業早、起步早的飯店，由於決策者思想僵化，觀念落後，缺乏強烈的開放意識、競爭意識和超前意識，以至於在決策時，思維封閉，抱殘守缺，沒有冒險投資的膽略和戰略眼光，滿足於日復一日的舊船划舊槳，多年來以現有的設備設施和服務項目來接待客人。這樣的飯店肯定跟不上時代的步伐，肯定無法在市場競爭立足。據中國國家旅遊局公布的數據顯示，2006年北京、廣東、遼寧、西藏、貴州、天津、重慶、青海8個省區市共取消了112家飯店的星級資格，原因大多是因為設施設備陳舊老化、服務不到位、安全管理規範不當等原因未能達到星級標準。探本求源，還是由於缺乏與時俱進、超前決策的意識，以致於各方面都落伍於時代，無法滿足廣大消費者日益增長的需求。因此，作為現代飯店，在決策過程中，必須不斷地挑戰自己，超越自己，既要淘汰過時的設備和經營模式，更要淘汰過時的觀念和思想。只有這樣，才能在風雲變幻的市場大潮中「勇立潮頭唱大風」，處於領先的競爭地位。

資料來源

1.朱方地・意識超前才能發展超前・飯店世界

2.吳曉梅・守業不畏難・人民日報海外版

3.星評辦・8省市區112家飯店被取消星級資格・中國旅遊報

案例思考

華天大酒店在科學決策上有什麼可取的經驗？

1-4 廣州白天鵝賓館——探索中國飯店管理之道

案例介紹

白天鵝賓館是豪華型的五星級飯店，矗立於中國廣州市珠江河畔歷史悠久的沙面島。1983年2月6日開幕，2000年重新裝修，樓高28層，擁有842間舒適豪

華客房，每間標準房面積28平方公尺，有9個風格各異的中西餐廳、多間會議室及各種休閒設施，服務完備。多年來，它一直以豪華的設施和優質的服務而享有盛譽。

白天鵝賓館是中國第一座與港資合作的賓館，由廣東省旅遊局和霍英東先生共同修建，總投資額4900多萬美元，是中國第一家由中國人自行設計、施工、管理的大型現代化飯店。開業二十多年來，共接待了四十多個國家的元首和政界要人，如英國女王伊麗莎白二世、美國總統布希、尼克森、德國總理柯爾、卡斯特羅、季辛吉、施亞努、李光耀等；先後創造了十個全國第一，即1978年後第一間興建的國內五星級飯店，第一間自己管理的合資飯店，第一間獲得世界一流飯店稱號的飯店，第一間開設送餐服務的飯店，第一間有金鑰匙服務的飯店，第一間對外向公眾開放的飯店，第一間備有從飯店到機場車站的免費巴士的飯店，第一間餐飲設有帶位及諮詢服務的飯店，第一間從櫃檯送行李到房間的飯店，第一間分有職員與賓客、散客與團體通道的飯店。

白天鵝賓館是中國第一家現代大型合資飯店，管理之路完全由自己摸索。當時，白天鵝賓館的管理面臨著兩種選擇：一是交由外國管理集團管理，一是完全由中國人自行管理。經過討論，決策者最後決定還是自行管理。白天鵝賓館吸收世界先進的飯店管理經驗，對2000多名員工採取「請進來、送出去」的培訓方法，強化知識與技能學習，摒棄了過去行政化、招待所式的管理和服務方法，摸索出一整套現代化、標準化、制度化、科學化的管理體系和工作流程。

白天鵝賓館的管理層，有相當一部分人都是從國營企業和事業單位，甚至機關單位轉到現代飯店管理行業來的，他們在實踐——學習——再實踐——再學習的過程中，思想觀念不斷更新轉變，創造了新的管理與經營理念。如：「賓客第一，服務第一」、「客人永遠都是對的」、「衡量我們管理和服務水準的，主要不是表揚信，而是賓客的投訴和建議」、「要堅決摒棄突擊式的、形式化、表面化的工作」等等。這些理念在當時業內業外都具有一定衝擊力，一般的人可能難以接受。但正是這些先進的理念，使白天鵝賓館成為了中國飯店業的第一面旗幟。

案例分析

1.勇於探索，敢於實踐

白天鵝賓館是中國最早的現代大型合資飯店，沒有現成的路可走，這就要有「摸著石頭過河」的勇氣，敢於實踐，大膽探索。尤其在決策是由外國飯店管理，還是由中國人自行管理的問題上，是需要有遠見卓識和膽略的。中國人是否能管理好現代飯店，在當時確實是一個值得懷疑的問題。但是，白天鵝賓館不僅敢於學習外國的先進管理經驗，而且還結合中國的實際，探索出新的管理模式。它不僅帶動了內地飯店業走向現代化，同時也開拓了日後中國飯店業的發展方向，對廣東乃至中國全國的經濟發展，有著開創性的示範意義。

2.具有獨特的飯店文化

白天鵝賓館按照國際一流飯店的標準，結合中國實際，逐步建立了獨特的飯店文化。它的管理理念、企業精神、服務宗旨等，都是其獨特飯店文化的重要元素。

3.與時俱進，不斷創新

白天鵝賓館開業二十多年來，一直隨著時代的變化而變化，隨著市場經濟的不斷發展而發展，不僅沒有落伍，而且一直都保持著青春的活力和旺盛的競爭力，這與該賓館的決策者與管理者審時度勢，與時俱進，不斷創新的精神是分不開的，與他們創建和積累的飯店文化是分不開的。

案例啟示

白天鵝賓館的實驗證明，中國人有能力管理好現代飯店，其成功的關鍵在於：大膽引進外國管理飯店的先進經驗，結合本國國情和當地具體環境，制定一整套嚴格的、切實可行的管理制度和服務規範，並始終不渝地貫徹執行。在引進時，既不排外，也不崇洋媚外；在管理上，堅持兩手抓，既要抓「硬體」配套更新，又要抓「軟體」的員工素質培養。只有與時俱進，才能適應旅遊事業和市場

經濟發展的需要。

白天鵝賓館的管理經驗，一直為人們所推崇和模仿。但是，有些飯店本想按白天鵝賓館的管理制度和模式經營，卻推行不下去，最後不了了之；有些則「照葫蘆畫瓢」，越畫越走樣。這是為什麼呢？因為白天鵝賓館的管理模式和制度可以照搬，但其管理的精髓——飯店文化，卻是難以複製的。這就要求飯店在學習和借鑑白天鵝賓館的管理經驗基礎上，必須結合自身經驗，建立切合自身的飯店文化。唯有如此，才能使飯店走上管理有序、健康發展的軌道。

資料來源

楊小鵬．白天鵝賓館管理實務．第4版．廣州：廣東旅遊出版社

案例思考

什麼是白天鵝賓館管理的精髓？在學習和借鑑白天鵝賓館的管理經驗時，應該注意什麼問題？

1-5 希爾頓飯店集團——先進的管理理念

案例介紹

1.基本情況

希爾頓國際飯店集團（HI），總部設在英國，擁有除美國以外全球範圍內「希爾頓」商標的使用權。美國境內的希爾飯店，則由希爾頓飯店管理公司（HHC）擁有並管理。希爾頓國際飯店集團經營管理著403家飯店，包括261家希爾頓飯店，142家面向中端市場的「斯堪的克」飯店，以及與總部設在北美的希爾頓飯店管理公司合資經營、分布在12個國家的18家「康拉德」（亦稱「港麗」）飯店。它與希爾頓飯店管理公司組合的全球營銷聯盟，令世界範圍內雙方旗下飯店總數超過了2700家，其中500多家飯店共同使用希爾頓的品牌。2005年

2月，希爾頓國際飯店集團表示優先開拓中國和印度等亞洲市場，謀劃在中國尋找合作夥伴，可能首次在華引入希爾頓花園客棧（Hilton Garden Inns）品牌，期望建立50家左右的該品牌飯店。在中國5家已經開幕的希爾頓飯店分布在上海、北京、重慶、三亞等地，共有2514間客房。2006年元旦，上海金茂希爾頓飯店開幕，廈門希爾頓飯店也在隨後開幕。希爾頓國際飯店有限公司每天接待數十萬計的各國旅客，年利潤達數億美元，雄踞世界最大旅館的榜首。除南極之外，希爾頓的業務範圍已經遍布全球。

2.管理特點

希爾頓飯店之所以能成為全球強大的飯店品牌，與科學的管理關係極大。希爾頓飯店的創始人康拉德·希爾頓在《來做我的貴賓》一書中認為，要經營管理好飯店，必須始終關注五個方面的問題，即人們對飯店的要求、合適的地點、設計合理、理財有方和管理優良。他特別指出，希爾頓飯店成功發展的經驗主要有以下幾點：

（1）擁有自己的特性，以適應不同城市、地區的需要。要做好這一點，首先要挑選能力強的總經理，同時授予他們管理好飯店所必需的權力。

（2）科學地編制預算。希爾頓先生認為，1920年代和1930年代美國飯店業失敗的原因，是由於美國飯店業者沒有像優秀的家庭主婦那樣編制好飯店的預算。他規定，任何一家希爾頓飯店每個月底都必須編制當月的訂房狀況表，並根據上一年同一月分的經驗資料，編制下一個月每一天的預算計畫。

（3）提供多樣化的產品，滿足客人的不同需求。如希爾頓先生買下沃爾多夫飯店後，他把大廳內四個裝飾用的圓柱改裝成一個個玻璃櫥窗，租給紐約著名的珠寶商和香水商。買下朝聖者飯店後，他把地下室租給別人當倉庫，把書店改成酒吧，夜總會裡增設了攝影部。

（4）嚴格控制成本費用。希爾頓先生曾提出一個經營口號，「以最少的費用，提供最多的服務」。他認為，優秀的飯店經理都應正確地掌握每年每天需要多少客房服務人員、大廳服務人員、電梯服務人員、廚師和餐廳服務人員。否則，人員過剩時就會浪費金錢，人員不足時就會服務不周到。希爾頓飯店系統的

桌布、床具、地毯、電視機、餐巾、燈泡、瓷器等21種商品，都是由公司在洛杉磯的採購部訂貨。大量集中採購，為希爾頓飯店公司節省了大筆的採購費用。

（5）以人為本的員工管理戰略。飯店積極選拔員工到密西根州立大學和康乃爾大學飯店管理學院進修和進行在職培訓。希爾頓飯店的管理人員，都由本系統內部的員工晉升，大部分飯店的經理都在本系統工作十二年以上。每當開發一家新的飯店，公司就派出一支有多年經驗的管理團隊前去主持，而這支團隊的領導通常是該公司的地區副總經理。

（6）積極全面地開展市場營銷活動。希爾頓飯店重視市場調查，尤為重視公共關係，包括新聞報導、促銷、會議銷售等。

（7）利用新技術。希爾頓飯店預訂系統早就做到了全球電腦連線。位於美國紐約市的斯塔特勒希爾頓飯店是這一系統的主體，一個電腦控制的預訂網絡，把希爾頓總部與其所屬飯店聯繫起來。在設備技術上，希爾頓開風氣之先，開闢了希爾頓休息室。這種新型房間為客人營造了獨特的環境——可調明暗的照明設備，空氣中散發著新鮮的水果和花香味道——有助於客人放鬆和休息。

案例分析

希爾頓飯店的管理之所以如此成功，主要在於其科學、規範、先進的管理理念。

從上述案例中，我們可以分析得出，希爾頓飯店的管理理念主要體現了三個特點：

1.經驗主義的特點

希爾頓飯店的創始人康拉德．希爾頓最早運用的管理模式是經驗管理。經驗管理以運用管理者在管理實踐中的親身感受和直接經驗以及傳統的習慣觀念為基本特徵，把個人或群體的經驗，作為管理行為決策的基本依據。經驗管理體現了希爾頓管理飯店的經驗、能力和水準。希爾頓在其自傳《來做我的貴賓》一書中，總結了自己經營飯店的經驗與教訓，至今仍是希爾頓飯店的管理圭臬。

2.科學主義的特點

管理的一切目的就是為了追求效率，要將自然科學中的量化方法、明確邊界等，運用到管理領域中來。科學管理要求管理人員重視工作效率、服務品質、成本核算等，因此各種規章制度、統計技術等，都實行量化標準考核。如希爾頓飯店的「嚴格控制成本費用」、「利用新技術」等，都具有科學主義的特點。

3.人本主義的特點

在1920年代至1970年代，美國學者梅奧、馬斯洛、赫茨伯格等人對科學主義的利弊進行了充分的研究，逐漸形成了人本主義的管理理念。隨後，很多企業包括飯店，開始將人本管理理念運用到管理之中。這種管理理念不僅要尋求實現飯店組織目標與員工利益的一致性，而且要把飯店的共同願景與個人願景統一起來，在管理中重視飯店與個人的互動，重視員工對決策的參與和員工的自我發展、自我實現等等。希爾頓飯店「以人為本」的員工管理戰略，就充分體現了這一點。

案例啟示

飯店管理理念是從實踐中來，又必須用來指導實踐的。正確體認飯店所處的大環境，正確體認飯店自身的使命和核心競爭力，是建立科學、規範、先進的管理理念的關鍵。同時，飯店管理理念也只有在實踐中才能不斷得以豐富和發展。理念是系統的、根本性的管理思想，一切的管理活動都是圍繞一個根本的核心思想進行的。管理理念是飯店文化建設十分重要的內容，是飯店管理的靈魂所在。

現在，中國一些飯店還留有很多經驗管理的痕跡，管理制度不健全，管理決策隨意性高；也有較多的飯店運用科學主義的管理理念，實施嚴格的科學化管理方式，制定了很多規章制度和量化考核指標，產生了較好的效益。但是，管理理念必須不斷融合和創新。從案例中，我們看到，希爾頓飯店「以人為本」的理念與經驗的、科學的管理理念並不衝突。經驗的、科學的管理方式可以為「以人為本」的新理念所吸收和統領。在堅持「以人為本」的管理理念的同時，必須運用

和吸收科學管理的方法，既要高度關注飯店效率，又要關心和促進人的全面發展。

資料來源

李劍．世界100位首富人物發跡史．開封：河南大學出版社

案例思考

1.你認為，先進的飯店管理理念是什麼？

2.怎樣正確處理科學主義的管理理念與人本主義管理理念的關係？

1-6 世界假日酒店集團——嚴密的管理控制制度

案例介紹

1.基本情況

假日酒店集團創建於1952年，創始人是美國田納西州的商人凱蒙斯．威爾森。不到二十年間，他就把假日酒店拓展到了1000家，遍布全美國高速公路可以通達的每個地方，並走向全世界，從而使假日酒店集團成為世界上第一家達到10億美元規模的酒店集團。現在的假日酒店集團已被英國 BASS集團收購，是世界上第二大酒店集團的重要組成部分。

在現有的1600多家假日品牌飯店中，約有90%的飯店是BASS集團所投資並管理，其他飯店為加盟擁有者獨立經營管理。傳統的假日酒店已為廣大旅遊者所熟知，如「皇冠假日酒店」位於世界各主要城市，為旅客提供更為舒適的服務和設施；「假日快捷酒店」不設餐廳、酒吧及大型會議設施，但提供符合假日標準服務的舒適和價值；「庭院假日酒店」在提供假日標準服務的同時，更體現當地的特色和風情。「假日陽光渡假村」一般位於旅遊勝地，特點是舒適的享受及全面的飯店服務。1994年9月，當時的假日酒店集團又推出了兩個新的假日品牌：

一個是「假日精選酒店」（Holiday Inn Select），專為喜愛傳統價值及環境的商務客人而設計；另一個是「假日套房酒店」（Holiday Inn Hotel & Suites），專門為長久居住的旅客和尋求寬敞的工作及休閒空間的客人而準備。

2.嚴密的管理與控制

世界假日酒店集團管理為了統一它在全球每一家假日酒店的服務標準，編印了《假日酒店標準手冊》，每家酒店持有一本，每一本都有編號，嚴格保密。《手冊》對假日旅館的建造、室內設備和服務規程，都做了詳細的規定，任何規定非經總部批准不得更改。《手冊》甚至對香皂的重量和火柴的規格，都有具體的要求。

為了確保《手冊》中的各項規定確實被妥善地實施，假日公司建立了嚴格的管理控制制度。自1970年代初開始，假日公司建立了一支由40人組成的專職調查隊，每年對所屬各酒店進行四次抽查。抽查項目有500多項，滿分為1000分。如果檢查結果不到850分，將予以警告，並限定在三個月內改正。第二次檢查時，對上次指出但仍未改正的毛病加倍處罰，同時再給一定的時間改正。如果仍不能在規定時間內達到標準，則解僱經理。對連鎖經營的飯店，則將情況報告給公司連鎖經營持有者的機構，即國際假日酒店協會，由它發布收回假日酒店標誌、從假日酒店系統除名的決定。每年被除名或解除連鎖經營合約的飯店大約有30多家。

案例分析

管理控制制度是飯店管理活動和各種關係的規範和準則。作為世界性的跨國飯店管理集團，可謂「點多面廣戰線長」，如何管理？當然只能靠發揮制度的功能和作用了。從上述案例中，我們可以看出，假日酒店集團的管理控制制度具有針對性、科學性、權威性和實用性，因而使其制度的功能得到了充分發揮。

1.發揮了制導功能的作用

制導功能主要表現在兩個方面：一是明確目標，規定方向；二是實施教化，

規範行為。假日酒店集團的管理控制制度，不僅規定了應該做什麼和不應該做什麼，而且規定了如何做，有明確的價值取向。因此，假日酒店的制度本身包含了教化、督導功能。

2.發揮了管理功能的作用

飯店制度的管理功能，是指對整個飯店管理活動的計畫、組織、指揮、調節和監督等一系列管理作用。比如，假日酒店集團這一世界知名品牌，就是靠一系列經營管理制度支撐起來的。透過它，可以把分散的人力、物力、財力集中起來，增強飯店的合力。這種集中，又不是簡單的湊合、機械的相加，而是根據優化原則，把各種優勢因素，按性質綜合在一起，形成新的有機整體。

3.發揮了制約功能的作用

任何制度一旦制定和頒布，便會對人的行為和自利動機產生制約作用，制約的用意是培養人自覺遵守規範的積極心理動機，使對制度的強制性感受逐漸減弱。假日酒店集團的管理控制制度，其制約功能主要表現在兩個方面：一是監督。飯店制度的監督作用主要表現為監督活動是在一定秩序下進行。制度監督的根本任務，就是要發現和糾正經營管理活動中違反制度的行為，排除干擾飯店正常管理與經營的消極因素。二是懲戒。飯店制度具有強制性，必須嚴格遵守，否則就要受到相應的制裁和處罰。在《假日酒店標準手冊》中，其制約的部分規定得十分明確，誰違反了制度，就會受到「收回假日酒店標誌、從假日酒店系統除名」的處罰。這是因為制度是飯店集體意志和利益的體現，違反制度，就意味著違背飯店集體的意志，損害飯店的利益，會造成飯店管理秩序紊亂。

案例啟示

大家知道，任何制度制定之後，關鍵點和支撐點就是實施與執行。假日酒店集團之所以興盛發達至今，與其制度的制定和實施是分不開的，同時，與其內在的制度文化有密切關係。許多年來，假日品牌酒店的外觀、類型以及地理位置不斷發生變化，但是假日酒店的服務、品質以及價值觀卻始終不變。這主要得益於

制度文化的作用。

中國許多飯店都有制度，也有相應的管理控制制度，但其功能及作用卻發揮得不到位。這是為什麼呢？關鍵在於沒有將制度與文化相結合。任何飯店僅有制度是不夠的，還需要有一種文化來配合，因為創建制度的是人，執行制度的是人，監督制度執行的也是人。制度和文化是相互制約的。制度是死的，文化是活的。我們可以透過引進好的制度來實現人和人之間的分工與合作。但制度並非一些條條框框，而是人們內心中活的潛在規則，是由文化內生的一整套東西。此外，同樣的制度，由於人的文化背景、文化價值觀不同，對制度的理解也可能不同，執行與遵守起來就可能變調走樣。

飯店制度文化是由飯店制度形態、組織形態和管理形態構成的外顯文化，具有外觀的凝聚性、結構的穩定性和時間的延續性。制度是飯店文化體系中要求所有成員都必須共同遵守的規章或準則，制度和文化有機結合，就能促進正確的飯店經營觀和員工價值觀的形成，並使員工形成良好的行為習慣。

資料來源

百度百科・假日酒店

案例思考

1.制度有哪些功能？如何發揮其功能？

2.飯店制度如何才能執行到位？

1-7 東京帝國飯店——日本飯店的管理方式

案例介紹

1.基本情況

東京帝國飯店位於日本東京千代田區內幸町皇宮附近，於1890年開幕，歷史悠久，設施豪華，在東京眾多高級飯店中有著特殊的地位。飯店分兩座樓：一座俯視日比谷公園，是由鋼鐵和玻璃建成的17層樓建築；一座樓高31層，地下4層，它是皇宮周圍最高的建築之一。飯店共有1059間客房，15間餐廳，還有各式各樣的店鋪和休閒廳。飯店另有酒吧、游泳池、商店街等。東京帝國飯店是日本最大的現代高級飯店之一，也是日本皇室成員舉行活動的主要場所之一。

2.管理方式

東京帝國飯店是日本人自己經營管理的飯店，運用的是典型的日本管理方式：

（1）層級管理，條理分明。飯店的管理層次十分鮮明。總經理除了日常工作的檢查外，基本上不接觸日常的接待工作，如迎來送往等等，主要精力都放在經營方針、經營手段、發展規劃上。日常工作主要由各部門經理負責。部門與部門之間從不互相插手，上下級之間也從不越級指揮，或越級請示。所以工作上是很有條理的。

（2）實行三面等價的管理原則。即責務（職責）、責任（義務）、權限都必須是互相匹配的。這裡的責務是指下級承擔圓滿完成上級分配的任務的職責；權限是指為完成任務所必要的決定、指令和行為的權限；責任是指對任務完成的情況進行說明、報告的義務。這一管理原則要求每一位管理人員都要各盡其責、各行其權、認真負責。這樣，管理人員既有壓力，又有動力。因此，從上到下都有一種積極向上的工作熱情，沒有懈怠的現象。

（3）制度嚴明，一視同仁。飯店有一套十分完整的規章制度，以此來約束每一個人。如考勤制度，所有管理人員，包括常務董事在內，上下班都必須打卡。月底人事薪資科就根據出勤卡發放薪資。

（4）堅持檢查制度。管理人員都親臨第一線監督檢查，管理人員可以說是無處不到、無所不看、無所不查，而且檢查十分嚴格，凡是不合格的一律重做，以確保飯店始終如一的服務品質。如對房間的設備，堅持定期檢查，項目共有18項，60多個內容，出現問題馬上解決，因此設備完好率是很高的。

（5）加強培訓，提高員工素質。日本的服務工作之所以能達到標準化、程序化、規範化，與企業重視對員工的培訓，注重提高員工的素質是分不開的。新員工到職前，要了解飯店的歷史、組織機構、服務設施等，使大家對飯店產生感情依託。而後學習飯店的守則、服務手冊等，使員工了解飯店的規章制度。最後對操作程序、服務用語、禮儀等進行嚴格的訓練，經考試合格後才能上班。

（6）注重精神文化培育。飯店每個月都召開員工大會，首先是介紹新員工，其次是每個部門的負責人向全體員工報告上個月的工作情況，也包括表揚工作中表現突出者。然後由社長報告上個月的工作情況，如經濟形勢、接待任務的完成情況、客人的反映、工作上的突出事例及存在的問題。同時安排下個月的工作任務、工作重點、需注意的事項等等。飯店每個樓層的服務室都貼有《人生指針》等宣傳品，告訴員工要正確對待人生、處理好人際關係、注意行為言論、珍惜美好時光等等。工作中管理人員十分注意處理好人際關係，注重對部下的感情投資，以形成一種互相尊重、和諧的氣氛。召開員工大會時，領導階層和員工互相鞠躬，每天的班前會都是課長先向員工問好。每到年終歲末各部門都召開「忘年會」，領導階層向員工拜年，請大家忘掉一年的煩惱，努力工作好迎接新的一年。元旦還召開「誓師會」，社長向員工先面談新的一年的經營方針，然後聽取大家的意見，最後和大家共飲誓師酒。員工的自覺性也是很強的，都能自覺地管理自己，都有我們所說的主人翁責任感。在員工教育中，有一條就是「接受命令、即時報告」制。它要求每一名員工：一定要養成爽快地接受命令的習慣。

案例分析

從東京帝國飯店的案例，我們可以發現，日本飯店的管理方式，主要有如下特點：

1.制度嚴明，自覺性強

日本飯店的制度從制定到執行都是十分嚴格的，並且成員具有自我管理的自覺性。這與他們所推崇的集團主義管理是分不開的。所謂集團主義管理，是指管理活動的目的和行為，都是為了確保集團的協調，維護集團的利益，充分發揮集

團的力量。如在激勵員工方面，日本飯店不是激勵某位職員提高效率，而是注重激勵整個集團提高效率。當然，日本飯店並不完全排斥個人主義，員工也都保持著極強的個性，具有很強的進取心和創造性。

2.對員工實行有「人情味」的管理

東京帝國飯店對員工的人生觀教育，對員工處世與成長的關心和培養等，灌輸的都是「以飯店為家」、「飯店是員工生活共同體」的思想。這種思想在形式上把飯店看成一個「大家庭」，將每位員工都視為這個共同體的一員，從不輕易訓斥或辭退員工。

3.「硬軟」兼顧的管理體系

東京帝國飯店在管理方式上推崇的是「洋才和魂」，即歐美的現代管理技術、日本的靈魂，而在管理思想上卻是「漢才和魂」，即中國的傳統思想文化與日本的靈魂相融合，從而形成了以人為中心、以文化為導向的管理體系。

案例啟示

日本文化的根本點是重視群體，強調群體內的序列和秩序，因而強調和諧統一。

目前，在中國的日本獨資或與日本合資合作的飯店，其管理是以日本管理模式為主，歐美獨資或與之合資合作的飯店，則以歐美管理模式為主。而中國許多與歐美合資企業的員工，往往不能忍受歐美那種把人看作機器的「硬」管理模式；不少日本獨資或與中國合資合作的飯店，在管理上，則對中國人的群體意識、職業道德與責任感不足等問題感到頭痛。

中國在飯店文化建設方面與西方相比，存在的差異是顯而易見的，但吸收與借鑑是一個漸進的過程，不可操之過急，更不可照抄照搬，不然就會「食洋不化」。更何況國情不同，觀念和體制都正處在不斷轉變更新之中。大家知道，日本除了擁有自身的文化之外，還善於吸收外來文化，創造不同於西歐的文化。隨著中國市場經濟體制的不斷完善，人們觀念的不斷轉變，將科學的現代管理理論

與中國優秀的傳統思想文化相結合，建立能夠反映自身傳統和特色的飯店文化是完全可能的，只是有一個任重而道遠的過程。

資料來源

1.郭力．日本的酒店管理及服務質量——赴日考察後的反思．遼寧經濟

2.東京帝國飯店營業企劃室編．孫琳譯．帝國飯店服務祕訣．北京：中國旅遊出版社

案例思考

1.請你從上述案例中，歸納出日本飯店管理方式的基本特徵。

2.你認為應該從日本飯店的管理中吸收哪些值得借鑑的文化？

3.與日本飯店的管理相比，中國的差距主要在哪裡？

第二章 飯店精神文化塑造

飯店精神文化，是指飯店在生產經營過程中，受一定社會文化背景、意識形態影響而形成的一種精神成果和文化觀念。它是一種深層次的文化現象，是飯店意識形態的總和。在整個飯店文化系統中，它處於核心的地位，包括飯店經營哲學、價值觀念、企業願景、飯店習俗、職業道德、職業態度、精神風貌等內容。

美國管理之父杜拉克有一句名言：組織的目的只有一個，就是使平凡的人能夠做出不平凡的事。飯店精神文化塑造，就是要把創新的基因植入到員工當中去，讓員工發揮最大的創造力，在體現和實現自身價值的同時，實現飯店的共同價值、共同願景和目標。

本章透過剖析一系列案例，來闡明精神文化在飯店建設中的重要作用，並了解什麼是飯店的價值觀、什麼是飯店願景和企業精神，如何端正員工的職業態度，如何培育職業道德，如何養成良好的習俗等。

2-1 廣州花園酒店——塑造共享型價值觀

案例介紹

1.基本情況

廣州花園酒店，開幕於1985年，是五星級商務飯店。花園酒店位於地理位置極為優越的中國廣州市環市東路中央商務區。33層樓，高107公尺，頂樓設有廣州最大的旋轉餐廳，擁有2000多間標準客房、套房以及公寓和辦公室，10間多功能宴會廳、14間餐廳及酒吧，薈萃中、法、義、日等多國美食。配套設施

一應俱全，包括3層地下停車場、國際名牌商場、室外游泳池、壁球場、網球場、健身及美容美髮中心。此外，酒店還提供旅行、票務、汽車出租等多項服務。

廣州花園酒店是中外合作的典範。酒店經歷了從委託管理到自主管理的創業與發展歷程，「以人心為重」，「品格為基」，成功塑造了共享型價值觀。

2.價值觀描述

花園酒店十分注重飯店的價值觀建設，主要內容可以用八個字來概括：

（1）「關心」。一方面，花園酒店的管理者積極履行對員工所承擔的義務和承諾，不僅努力營造每一個員工都滿意的工作環境，而且把為賓客、為員工、為同事服務當作管理理念，不僅關心員工的物質需求，更關注員工的精神狀態和心理感受。員工在花園酒店是第一位的，無論是「SARS」時期的員工安排，還是幾年來員工的工作、生活環境，花園酒店都讓員工感到了家的溫暖，讓員工的能力和技能不斷提高。另一方面，花園酒店的員工十分關心酒店的成長與發展，因為他們認為酒店能使個人的價值得到實現。員工大都有積極的價值觀和強烈的敬業敬職精神，並能在花園酒店的工作中找到樂趣，得到人格的尊重。

（2）「感恩」。感恩是花園酒店核心價值觀的主要內容之一。首先是酒店管理者以身作則當表率，在工作中親力親為，用個人的魅力感染員工，以感恩的心態對待員工、同事、客人及合作夥伴。員工則以感恩的心回報賓客、善待他人、悅納同事。感恩之心造就了良好的合作精神。

（3）「敬業」。每位員工進入酒店時，都要接受培訓。透過培訓，使新員工認同酒店，並將自己的工作當作一項事業來看待，全神貫注、勤奮進取地工作。在操作上要嚴謹，要謹慎做事，要有實際做事能力，舉止、言談、行為是一個合格的花園酒店人。

（4）「誠信」。誠信是以品質保證為底線的，沒有好的品質，就談不上什麼誠信。花園酒店進行了品質體系認證，要求用上乘的產品品質，來實現對消費者的承諾。因此，員工都必須一律按部門作業指導書操作，所有的管理者也都有

明細的量化指標，並進行有效管理控制，以及時發現問題，解決問題。花園酒店不僅把「誠信」作為做事的準則，也把「誠信」作為做人的準則，要求對市場、對社會、對酒店、對同事都要建立個人的誠信品牌，做到廉潔正直，不為小利而動心，不以惡小而為之。要真誠地與人交往，富有愛心，樂於幫助他人。

案例分析

花園酒店從自身的實際情況出發，塑造了以「關心」、「感恩」、「敬業」、「誠信」為主要內容的飯店核心價值觀。在激烈的市場競爭中，花園酒店的價值觀貫穿到了飯店管理的全過程和全方位，體現到了飯店管理行為的細節之中，甚至滲透在每位花園酒店員工的骨子裡。

現代飯店在經營管理活動中，需要什麼、相信什麼、堅持什麼、提倡什麼、反對什麼、追求什麼等等，都與其價值觀有著密切的關聯，不同的價值觀就會形成飯店不同的個性特徵，規定著飯店發展方向。因此，可以說飯店價值觀是飯店精神文化塑造的靈魂與核心。

飯店核心價值觀應該是共享型價值觀，而不應是犧牲一掠奪型價值觀。共享型價值觀，包括平等、尊重、信任、合作、分享等元素；犧牲一掠奪型價值觀，則是「你犧牲，我掠奪；你奉獻，我享受；你勞動，我讓你當模範」的模式。

花園酒店的共享型價值觀有兩個特點：其一，共享型價值觀得到了飯店員工的認同，不僅僅是員工口頭上認同，而且是在信仰層面、理性層面、情感層面、行為層面全方位的認同。這一點可以從花園酒店這麼多年來的業績得到證明。其二，共享型價值觀，是一種博弈論意義上的均衡價值觀，是具有平等原則或者對等原則的價值觀。花園酒店的價值觀充分體現了平等原則（對等原則），如契約精神、對制度的尊重、對個體的尊重、合作精神、信任精神等，員工們在一起能分享知識、分享經驗、分享快樂。

案例啟示

現在，某些飯店由於自身文化建設停滯，優秀管理人才或員工儘管薪資待遇並不低，但最終還是跳槽離去，這是為什麼呢？主要是沒有建立共享型的價值觀。透過對花園酒店的案例研究，我們發現，積極尋求共享型的核心價值觀，是獲得員工對酒店文化認同的重要途徑。香港飯店職業經理人、凱旋華美達總經理柳文威認為：無論管理什麼樣的飯店，都要力爭「三贏」狀態，即讓客人覺得物有所值，為老闆出高效益，使員工勞有所得。

核心價值觀不是游離在管理行為之外的説教，也不是對外宣傳的廣告語，其檢驗標準是市場的考驗。如果我們説「感恩」消費者，卻不能為消費者提供優質的飯店產品；我們講「誠信」，但飯店產品品質卻不穩定，這就説明我們還沒有形成真正的核心價值觀。

塑造飯店的核心價值觀，是一個長期的、艱苦的過程，需要持續地塑造、錘鍊，需要堅持不懈地對飯店人員進行打造，以形成相對統一的思維模式和行為模式。只有創造一種能夠使飯店全體員工衷心認同的核心價值觀念，才會創造能夠積極地推動組織變革和發展的飯店文化。

資料來源

廖鳴華·走自己的路——廣州花園酒店管理模式探索與發展·北京：中國旅遊出版社

案例思考

1.什麼是共享型的價值觀？怎樣才能塑造共享型的價值觀？

2.為什麼説花園酒店的價值觀是共享型的？

2-2 溫州萬豪商務大酒店——從店慶活動看企業精神培育

案例介紹

1.基本情況

溫州萬豪商務大酒店是一家四星級飯店，由中國溫州市郵政局與荷蘭僑商合資興建，共有職員500多人。酒店樓高16層，總面積2.6萬平方公尺，設有標準套房、豪華套房、總統套房200餘間，大小會議室及多功能廳5間，配套設施齊全。

該酒店與國際品牌「萬豪」同名，但卻是絕對的中國本土製造，這是一種優勢，也是一種壓力。自2002年建成開幕以來，他們竭力鑄造企業品牌，始終把品質、誠信放在首位，不斷開拓創新、大膽實踐，發揚萬豪商務大酒店「實際、實用、實幹、實效」的企業精神，管理和服務很快走上了規範化、程序化的軌道，並於2004年加入中國飯店金鑰匙組織。

2.透過店慶活動培育企業精神

溫州萬豪商務大酒店十分重視企業精神的培育，在店慶兩週年之際，在員工之中透過開展四項活動來凝練企業精神，收效明顯。

一是店慶禮物贈送活動。酒店為每一位員工精心準備一份禮物，以表達酒店高層對員工的衷心感謝。

二是開辦年度青工技術大比武。比武項目涉及點鈔、鋪床、刀工、擺台、折花、斟酒、托盤、隊列、擒拿以及工程綜合技能等，比武氣氛熱烈，充分展現出酒店員工高水準的服務技能和敬業精神，大大提高員工積極度，鼓舞了士氣。各比武項目均評出一、二、三等獎各一名，酒店在頒發嘉獎獎狀的同時還發放獎金，並給所有參賽選手頒發精美紀念品。

三是員工代表與酒店高層共話企業發展大計。酒店員工代表參加員工茶話會，就企業人事、服務與管理、培訓、福利等相關問題，與酒店高層一起深入探討。透過店慶活動，加強基層員工與高層領導的聯繫與溝通，為今後更好地貫徹酒店決策與經營戰略打下良好的基礎。

四是頒發「員工服務貢獻獎」。為激勵員工奉獻與高效的敬業精神，酒店為入職兩週年的員工專設「員工服務貢獻獎」，以激勵更多、更優秀的酒店人士加入這個富有激情和無窮魅力的團隊中來。

案例分析

飯店的企業精神體現於飯店全體員工的內心態度、意志狀態、精神狀態、思想境界與作風等。它是將飯店與市場凝聚在一種價值相關的精神化團體之中的核心要素，是飯店文化的核心和靈魂，是一種看不到卻感覺得到的經營資源，是飯店在市場競爭中取勝的重要力量，是把飯店的奮鬥目標、發展方向、全體員工的群體意識、信念融為一體的一面旗幟。

飯店企業精神主要由經營哲學、價值觀以及道德觀等要素構成。

所謂經營哲學，是飯店在長期的經營實踐中總結出來的，是對飯店存在的意義、飯店中人與物的關係和經營目標等根本問題的總結看法。作為飯店的管理者，必須考慮以什麼樣的哲學理念來指導全部經營活動，必須從人生觀、世界觀的角度，思考和回答創辦和經營飯店的意義，以及為什麼要開設這家飯店，如何辦好這家飯店。在經營過程中，如何對待人、物、社會和自然間的關係。不同的經營哲學決定了不同飯店的不同經營方式和行為取向，它在飯店中發揮的巨大作用，是其他因素所無法替代的。

所謂價值觀念，是企業精神的核心，也是整個飯店精神文化的核心。從價值觀與企業精神的關係來看，企業精神是對飯店價值觀的進一步概括和深層體現。飯店價值觀側重解決的是飯店的思想境界問題，企業精神側重解決的則是飯店員工的精神狀態問題。二者緊密相連互為照應，但又是相對獨立的。如果說飯店價值觀解決的是方向問題，那麼企業精神解決的則是道路問題。

所謂道德觀念，首先是管理者道德觀的體現，而管理者道德修養中最重要的是正直、使命感和職業道德。正直的管理者在處理飯店對外公共關係時，講道德、守信用；在處理飯店內部員工關係時，關心人、尊重人；在處理顧客關係

時，堅持顧客至上、以誠相待。

萬豪商務大酒店「實際、實用、實幹、實效」的企業精神，一方面體現了追求卓越的精神，即積極向上、追求完美、勇攀高峰的意識和願望，又有不斷完善自身、超越自我的勇氣、信心和意志，如開展年度青工技能大比武，就是創造卓越的行為，就是透過卓越的人，實現飯店卓越的發展。另一方面，充分體現了主人翁精神。如員工代表與飯店高層共話企業發展大計，為入職兩週年的員工專設「員工服務貢獻獎」等，這些舉措有效地激勵員工為實現飯店目標而自覺奮鬥。

案例啟示

萬豪商務大酒店的案例闡明，要使全體員工對企業精神產生共鳴，得到全體員工的認同，就必須把培育和弘揚企業精神當作飯店發展的主要任務。

第一，要結合實際，制定、完善和實施各部門人員行為準則，用體現企業精神所要求的行為準則來規範、約束和培育員工的思想行為，使員工的思想行為符合企業精神的要求。

第二，高層管理者要反覆灌輸企業精神，並要率先垂範地為員工做出表率。

第三，要用「共生英雄」來激勵、影響和引導員工。塑造飯店的企業精神，就是要達到「人企合一」的境界，發現和培養出「共生英雄」。何為「共生英雄」？「他的心在飯店，飯店在他心中」，就是很好的概括。在具有優秀文化的飯店中，最受人敬重的，是那些具體體現企業價值觀的英雄人物，他們之中有管理者、有員工，他們是飯店全體職員學習和效仿的模範。因此，開展各種類型的評選和表彰活動，從飯店文化創新來講，就是激濁揚清，弘揚良好的精神風貌，這樣的「共生英雄」培育得越多，就越有利於全體員工追求「人企合一」的精神境界，越有利於激勵員工的主動性、積極性、創造性。

第四，要善於運用「激發熱情的技術」。為了持續激發員工的熱情，必須經常開展一些內部的群體活動。如店慶、總結會、交流會、授獎會、座談會、講演會、技術比武會、小型的午餐會、休息聚餐會等等，其目的是為了激發工作熱

情。因為正面鼓勵不但能引導人們的行為，而且能教會人們自覺地正確行事。首先，正面激勵應當具體，並包含盡可能多的內容；其次，正面激勵要及時，應當立即兑現；其三，獎勵制度應當考慮到標準是否可行；其四，許多正面激勵可以是無形的，只反映高層管理人員對員工期望的一種姿態。美國學者史金納認為：「有規律的正面鼓勵會逐步喪失影響力，因為人們認為那是應該有的。所以，出乎意料的、不規則的正面鼓勵效果會更好一些，而且，小的獎勵往往比重大的獎勵更有效。一大筆獎金會成為爭奪的對象，大批得不到獎金的人還會忿忿不平，因為他們覺得自己也應得獎。小額獎勵是象徵性的，能從正面營造歡樂氣氛，而不是把注意力都吸引到為了大筆獎金的你爭我奪的黑暗面去。」（轉引自沈學方、平文芸主編《日本美國的企業文化》122 頁，成都出版社）

培養飯店的企業精神，還必須注意以下幾點：

第一，必須體現本企業的個性，切忌「臉譜化」。飯店員工作為一個特定範圍內的公眾，必然對飯店產生不同的期待和要求。要了解員工對飯店的評價和期待，掌握本飯店區別於其他飯店的形象。

第二，必須具有切實可行的操作性，切忌「理性化」。「企業精神」既不同於感召口號，也不宜太過哲理性，內容要實在，又必須能展現企業風采、鼓舞士氣、強化組織成員意志，能激發員工持之以恆追求事業的熱情。

第三，必須注重方式上的有效性，切忌「表象化」。可透過升店旗、戴店徽、唱店歌，圍繞企業精神開展文化、體育、知識競賽等多種形式的活動，使之烙在每個員工的思想上，體現在其行動上，以防止僅僅是「說在嘴上，寫在紙上，貼在牆上」。

第四，必須重視整體性，切忌「典型化」。企業精神往往是透過飯店員工的言行而展示在社會公眾面前，個體的「典型化」精神並不能體現一個整體的精神，但整體又是由多個個體共同形成的。因此，要注重提高全體員工的個體素質，引導每一位員工重視飯店的整體形象和聲譽，提高他們與外界溝通和傳播的能力，力勸他們接受社會公眾的有益建議和正確批評並加以改正，盡可能適應自己的公眾對象。

第五，必須明確全過程的反覆性，切忌「簡單化」。「企業精神」作為一種群體意識，其形成絕非一蹴而就，必須經歷一個耐心的反覆引導和培育的過程，它是企業管理者在較長時期內有意識的物質投入和精神投入的綜合昇華的結晶。

資料來源

萬豪商務大酒店．溫州酒店餐飲網．酒店快訊

案例思考

1.如何才能使飯店企業精神具有特色和個性？

2.培育飯店企業精神時必須注重哪些問題？

2-3 泰達國際酒店集團——確立願景與目標

案例介紹

1.基本情況

泰達國際酒店集團，成立於1994年，起步於泰達國際酒店暨會館，是中國天津經濟技術開發區管委會為改善開發區投資軟體環境、招商引資、促進經濟增長而投資創辦，以旅遊為支柱產業的集團化公司。從2000年起，集團公司開始積極實施進軍海外的計畫，目標鎖定美國那斯達克市場。

泰達酒店管理有限公司於2001年6月在英屬維京群島註冊成立。作為在美國那斯達克二板市場（OTCBB）上市的泰達旅遊集團公司的中間控股公司，泰達酒店管理有限公司主要負責全權管理所有透過泰達旅遊集團上市公司併購或組建的酒店管理公司及酒店上下游企業。公司成立以後，一直以「打造民族品牌，創建國際集團、構築旅遊平台、服務社會大眾」為自身使命，並恪守「共創雙贏，協同發展」的經營理念，在酒店管理、品牌建設、旅遊產業鏈上下游資源整合等各方面，取得了顯著的成績。截至2004年12月，泰達酒店管理有限公司已全資或

控股擁有泰達渡假交換有限公司、華廈國際酒店集團有限公司、上海寶錦酒店管理有限公司和 TEDA（北京）酒店管理有限公司等營運子公司，並在中國大陸總共管理26家三星級以上的高級酒店，房間數4100間。根據美國HOTELS雜誌2005年7月的排名情況，可以排在全球第206位。

2.願景

泰達酒店管理有限公司根據「博采眾長、獨樹一幟」的原則，逐步實施其「知己知彼、揚長避短、內外兼顧、突出個性」的競爭策略，逐步實施其「資本紐帶＋品牌紐帶＋網絡紐帶的三帶合一」發展模式——透過資本紐帶來進行兼併收購或戰略投資，透過品牌紐帶來進行委託管理或連鎖經營，透過網絡紐帶來結成戰略聯盟或提供在線服務，逐步實施其「滾動發展、效益優先」的發展戰術——透過連鎖經營實現規模經濟效益，透過多角經營實現範圍經濟效益，透過資產優化組合和證券股票升值來實現資本營運效益，透過搭建開放平台和推進資源共享來實現網絡經濟效益，逐步實施其「循序漸進、分步到位」的發展規劃——首先由資產經營過渡到資本運作，其後由規模經濟過渡到範圍經濟，然後由單一品牌過渡到複合品牌，再後由訊息孤島過渡到開放平台，最後由國內集團過渡到國際集團的「五步走」方案。

為了充分發揮中國企業的「後發優勢」並實現「跨越式發展」，泰達酒店管理有限公司擬在未來三年裡逐步實施其「集團化、訊息化、國際化」的發展戰略：一方面繼續加強品牌創新與品牌提升工作，即為不同星級標準和不同客源類型的酒店創建不同的品牌體系與操作規程，並透過每個品牌的旗艦店在全集團推廣；另一方面，開始創建與推廣集在線管理、在線經營與在線服務於一體的旅遊開放平台，即開發和普及基於互聯網平台的前台管理系統（PMS）、後台管理系統（ERP）、即時採購與庫存管理系統（SCM）、中央預訂（如網上訂票／訂房／訂禮／訂車等）服務系統（CRS）、泰達會員服務／客戶關係管理系統（CRM）、遠程教育／在線培訓／知識管理系統（KMS）等互聯網應用服務項目。爭取在2008年把泰達酒店管理有限公司打造成一個跨部門、跨行業、跨國界的超級互聯網旅遊服務、經營與管理集團，並最終實現「做大、做強、做長」

的企業奮鬥目標。

3.目標

泰達未來三至五年的發展規劃，是確定海三角、長三角、珠三角為重點發展區域，將中國北京、上海、天津、廣州、深圳作為綜合性項目目標城市，將北京、上海、天津、廣州、深圳、大連、青島、哈爾濱、廈門、重慶、蘇州作為商務型酒店目標城市，將香港、上海、大連、青島、哈爾濱、杭州、廈門、深圳、三亞、黃山、昆明、麗江、桂林、成都作為渡假型酒店目標城市。在未來發展模式方面，針對不同項目採用不同方式：在綜合性項目方面，採取母公司融資開發、樹立品牌形象的策略；在商務型酒店方面，採用收購兼併、資本運作、擴大產業規模的策略；在渡假型酒店方面，採用收購兼併或投資開發、產權式銷售、擴大市場占有率的策略。未來三至五年的發展目標是：打造泰達品牌，管理酒店達100家；實現管理資產規模300億元人民幣、房間數2.5萬間；創年營業額65億元人民幣；年創利稅22億元人民幣；擁有員工人數5萬人。

案例分析

「願景」這個詞，出自彼得．聖吉《第五項修練》一書，他在書中把「共同願景」作為企業的五項修練之一。加里．胡佛的《願景》一書，對「願景」這一概念進行了深度闡述。胡佛認為，偉大的企業之所以偉大，就是因為它們能看到別人看不到的東西，將洞察力和策略相結合，描繪適合企業的最佳願景。胡佛解釋說，願景是人的一種意願的表達，它概括了企業的未來目標、使命及核心價值，是一種企業為之奮鬥的意願。

泰達酒店集團的願景和目標表明：飯店成功的重要因素之一是擁有共同願景。它指明了飯店的生存領域，以及未來一段時間應該成為什麼樣的企業，並努力使全體員工對未來的前程達成共識。

如果說願景是團隊行動的精神和動力，目標則是具體的步驟及方向，是願景實現的途徑和方法。泰達未來目標是十分清晰而明確的，三至五年的發展規劃是

確定中國海三角、長三角、珠三角為重點發展區域，同時，既有發展的綜合性項目目標城市，也有商務型酒店發展的目標城市，還有渡假型酒店發展的目標城市。

可見，泰達酒店集團的願景和目標，是以飯店業發展趨勢和發展機遇為依據，它描繪了今後飯店發展的理想。願景是飯店所有員工希望共同創造的未來，它來源於員工個人的願景而又高於個人的願景，是大家的共同理想，它使不同個性的人凝聚在一起，共同朝著飯店奮鬥的目標前進。

案例啟示

現在，許多飯店在創建發展目標時，面對這樣一種選擇：對於飯店來說，最希望的就是能得到最優發展，追求更大的利益。為達到這一目的，飯店決策層必須制定目標，然後將這一總目標按一定的邏輯關係，層層分解為每個部門以及每一位員工的個人目標，並透過各種績效考核評估的方式，來促使員工實現個人目標，以促進飯店的良好發展，增強飯店的核心競爭力，逐步實現總體目標，以期望最終能實現飯店的願景。

但是，飯店設定遠大的願景，必須考慮員工的願景和期望，不能只僅僅從飯店自身的立場來思考。即使在飯店發展的不同階段所制定的短期發展目標，也應既追求飯店利益，同時也考慮員工的利益，這樣才能極大地調動員工的工作積極性，使員工不斷努力為飯店的願景而奮鬥。

飯店事業發展是飯店願景的出發點和歸宿，而飯店願景又是整合飯店發展的生命線，它需要與飯店的個人願景形成有機的「願景鏈」。這種聯結的緊密度和有效性，歸根結柢是由員工的認同度，即是否將其作為「內生性」需要所決定的。如果每一位員工都把飯店願景視為維繫飯店發展和個人發展的生命線，就會將飯店發展和個人發展作為自己的精神支柱和追求，其事業指向的主動性和創造性才會不斷萌發且持久。

所以，飯店員工的態度決定了飯店願景的實現速度和效果。因為遵從和奉獻

之間有很大的區別。遵從的人願意為你的願景努力，或真心希望你的願景實現。然而，它仍然是你的願景。在你需要的時候，他（她）會採取行動，但他（她）不會考慮下一步該怎麼做。而奉獻的人會將他（她）所做的一切視為實現願景而必須做的事情。願景的驅動力會使他們採取行動，他們會帶著熱情與激情工作，這是無論哪一個層次的遵從都無法產生的行為。他們對所努力的願景衷心嚮往，並願意創造或做出任何必要的改變以求實現願景。當一群人真正奉獻於一個共同願景時，將會產生一股驚人的力量，他們能完成原本不可能完成的事情。如果說，飯店要實現短期的目標，或許只需要員工在工作中遵從就可以了，那麼，飯店要有長遠的發展，就必須有員工全心全意的奉獻和投入，否則，飯店的願景將難以實現。

其實，飯店的許多員工真正追求的，往往不是個人利益的多寡，而是自我實現。如果飯店能結合員工的個人願景形成企業的共同願景，使員工能在實現共同願景的過程中達成自我實現，那麼員工就會為這一共同願景而奉獻，而不去過多考慮個人得失。總之，個人願景的力量源自一個人對願景的深切關注，共同願景的力量源自共同的關注，只有當員工內心渴望歸屬於飯店願景，渴望飯店蓬勃發展，並為這一願景奉獻時，飯店的發展才能獲得最強大的動力和支持。

因此，創建共同願景時必須注意三個統一：員工個人願景和飯店願景的統一，飯店全局利益和局部利益的統一，長期戰略和中短期目標的統一，並具體做到如下幾點：

（1）願景的描述必須盡可能簡明扼要、誠實中肯。

（2）決策層與管理者要身體力行，以自己的言行踐行願景。

（3）為號召員工全身心投入願景，甘願奉獻，必須加強宣傳，宣傳的重點是共同願景為飯店及員工帶來的好處。

（4）闡釋並探詢願景。要把經過深思熟慮的願景內容，既簡單明瞭、又清晰形象地告知員工，讓員工明白並思考、辨析、選擇、調整。

（5）建立目標體系。在共同願景的背後，最強烈的渴望是一系列更大的目

標，這些目標彼此關聯，不僅不能輕易改變，而且還要不斷強化。多變的目標會造成員工對共同願景的熱忱和凝聚力的下降，甚至不再認同共同願景。

資料來源

泰達酒店管理有限公司網

案例思考

1.如何處理好飯店共同願景與員工個人願景的關係？

2.你認為要透過哪些途徑才能實現飯店的共同願景？

2-4 上海新世界麗笙大酒店——關注員工的職業態度

案例介紹

1.基本情況

上海新世界麗笙大酒店於2005年6月開幕迎賓，坐落在中國上海市南京路商業街，緊鄰人民廣場。由上海新世紀股份有限公司投資興建，卡爾森環球酒店集團亞太公司管理，是其在中國管理，規模最大的麗笙品牌酒店。酒店擁有520間客房，包括91間豪華套房和1間總統套房，大多數客房可直接觀賞人民公園。酒店還有5間餐廳和酒吧、10間會議室、一個多功能大宴會廳以及水療中心、健身中心、室內游泳池、桌球室、壁球場、模擬高爾夫球室和棋牌室等。

2.關注員工的職業態度

總經理毛瑞斯．庫克從事飯店業有三十多年，當初僅是餐飲服務生，十七年後成為公司總經理。在人力資源管理上，他有自己獨到的見解：「我們不會單純地看重應聘人員的學歷或工作經驗，對飯店工作的熱情和對工作的態度，是至關重要的……來自飯店員工友好的溝通和良好的態度，最能給客人留下深刻印

象。」因此，新世界麗笙大酒店十分關注員工的心態變化，善於幫助他們端正職業態度，使他們安心並熱愛麗笙大酒店的服務工作。

李英是該酒店一名房務部的樓層服務人員，有段時間她很煩躁，感覺事事不順，每天做著枯燥乏味的工作，脾氣變得越來越急躁，對客人的態度冷淡，一些服務工作也做得不到位，令客人極為不滿。領班因此幾次批評她，她感到更加沮喪，覺得剛畢業時的遠大理想好像離自己越來越遠，遙不可及。她開始懷疑是不是自己選錯了工作，不適合飯店行業，但也不知道該做什麼。不久，李英向部門經理申請提出調換部門，在其他部門也許能適應。部門經理與她談心，考慮她的性格比較內向，建議她繼續在房務部工作。工作一段時間之後，李英感覺還是沒有改變原來的狀態，聽到周圍朋友說飯店業是行吃青春飯，又得知同學在廣州一家房地產公司擔任業務，她很想去，於是，向酒店提出辭呈。

人力資源部接到她的辭呈後，按照常規做了一次離職約見，詢問離職原因時，李英只說她不適應飯店服務工作，詢問去向時，回答要去廣州當房屋仲介，問她對房仲有無了解時，她回答先去看看再說。人力資源部經理感覺李英的職業性向不是很明確，鑒於她所學的專業是飯店服務與管理，剛招聘來時對工作滿腔熱情，就和李英做了一次以她的職業規劃為主題的深談，用總經理毛瑞斯．庫克的成長經歷激勵她，並對她的性格、職業特長做分析，幫助她做個人職業規劃。經過兩小時的深入交談，李英的眉頭舒展開了，對自己的職業發展重拾信心，答應會繼續在酒店做下去。

案例分析

這一案例顯示，飯店員工的職業態度，來自於她對飯店服務工作的認識及對服務角色的理解，也來自員工對飯店的認可和歸屬感，更來自於對飯店文化的認同。

李英的職業態度主要是由以下幾種因素形成的：

1.志趣因素

志趣因素包括個人的興趣、能力、抱負、價值觀、自我期望等。職業態度的自我因素與職業發展過程有相當密切的關係，因為個人因素的形成，大多與其成長背景相關，個人價值觀是在成長過程中一點一滴慢慢形成的。個人在職業行為中表現出來的態度，也是個人興趣、能力、抱負、價值觀、自我期望的一種反應。

2.職業因素

職業因素包括薪水待遇、工作環境、發展機會等。從理想化的角度而言，興趣、期望、抱負，應該是個人從事某一職業的支撐點，但是，事實上，卻必須同時兼顧個人的職業能力，以及對社會環境的適應程度等因素。熱愛本職工作的人，一般對本職工作就會有端正的、積極的職業態度，否則就會很消極。很難想像一個不熱愛飯店工作的人能做好服務或管理工作。因為，個人對職業的認知會影響他的職業態度。

3.心理因素

心理素質較好的飯店員工，能較準確地分析、判斷和處理飯店事務，較主動地改變自己的態度，遇到挫折或不順心的事，能冷靜處理，即使受到不公平的責難或委屈，也能獨自承受，保持心平氣和的職業態度；心理素質較差的飯店員工，處理事務的能力和心理調節能力較差，遇到挫折或不順心的事，往往沉不住氣，常常表現出態度無禮，甚至出現過度或偏執的行為，如生氣發火，因小事與同事、上司或客人爭吵等。

4.社會因素

職業態度的形成，實際上是一個人社會化的過程。因此，社會環境中的若干因素，如家庭、團體、社會文化、工作環境等，會影響職業態度的形成。社會環境對職業態度的形成，既有積極的影響，也有消極的影響。社會上就有不少「飯店工作是吃青春飯」這樣的誤導，難免會對飯店員工的職業態度產生消極影響。

從上述案例看，人力資源經理對李英的開導和幫助是及時、有效的，不僅動之以情，曉之以理，佐之以證，而且幫助她做職業規劃，指明了她的職業發展方

向，這對她改變職業態度造成了極大的作用。

案例啟示

飯店職業態度，是指飯店從業人員對其所從事的飯店職業的評價、情感反應和行為傾向。它對職業行為具有指導性和動力性影響，決定職業行為的方向、方式和結果。

飯店職業態度對飯店從業者個人來說，是十分重要的。研究顯示，一個職業人獲得成功的原因，60%取決於其職業態度，30%決定於其職業技能，而10%是靠運氣。好的技能和運氣固然重要，但是如果沒有良好的職業態度作為支撐，成功的機會勢必難以把握。

飯店職業態度對飯店管理者來說，同樣不可忽視。在日常的飯店管理過程中，除按照制度對員工加強管理外，還需要經常關注員工的職業態度變化，關心他們的思想和生活。同時，應定期對員工實施思想教育，不能只偏重業務技能，而忽略思想教育。針對不安心工作的員工，要了解他們真實的想法，負責地幫助他們做好必需的職業規劃，這無論對飯店或員工，都是雙贏之舉。

幫助員工改變職業態度，必須掌握以下基本方法：

一是勸說法。勸說是改變他人態度最常用的一種方法，特點是把整個勸說過程看作是一個訊息的傳遞與溝通。具體方式主要是透過個別交換意見、舉行懇談會、報告會、內部報刊、電子郵件或區域網路等手段發生影響。

二是激勵法。即運用激勵機制滿足飯店從業人員的合理需要，以增強其職業興趣。透過滿足飯店從業者的心理需要來調節他們的行為，根據客觀條件，建立正確的激勵機制，以改變他們的職業態度。如制定科學的績效評價系統，建立部門責任制、獎罰制度和確立具體的激勵目標，以提高飯店從業人員努力工作的熱情，自覺端正職業態度。

三是強制法。即利用飯店規範的約束力、強制力，或者採用一定的管理手段，促使飯店從業人員改變職業態度。每位飯店從業人員都是在一定的群體中生

活和工作，他們的行為和態度，必須與群體共同行為標準保持一致，否則就會被排斥於群體之外。因此，飯店透過制定相應的規章和準則來約束和限制飯店從業人員的言行，就能夠有效地改變他們的職業態度。

飯店作為服務性企業，要想贏得競爭優勢，就必須做到以人為本；要想使顧客滿意，就必須首先把注意力對準員工。如果沒有員工的熱情和敬業，無論多麼精心建造的飯店，都不過是一座冰冷的建築。只有員工對他們的工作充滿興趣、感情，只有員工覺得他們受到了重視和尊重，只有員工覺得他們的成績能得到認可和獎勵，他們才會忘我地去為客人服務。

資料來源

上海新世界麗笙大酒店網

案例思考

1.飯店職業態度的形成主要受哪些因素影響？

2.改變員工的職業態度要講究哪些方法？

2-5 北京華僑大廈——提升員工的滿意度

案例介紹

1.基本情況

華僑大廈是坐落在中國北京王府井大街上的商務型五星級飯店，具有中國古典建築風格和悠久的歷史。現隸屬於世紀金源集團（由著名實業家、旅菲華僑黃如論先生創辦）管理，2003年裝修後重新開幕，整體硬體設施步入京城一流行列。飯店擁有不同標準的客房400間，另有中西餐廳與酒吧、咖啡廳、夜總會、多功能廳、宴會廳、會議室、婚宴廳、花店、商店街、美容沙龍、健身中心、舞廳、桌球室、公用廚房等服務設施。

2.關注員工的具體做法

北京華僑大廈有員工400多人。多年來，在關注員工的滿意度方面，管理者做了大量卓有成效的工作。其關注員工的理念是：「企業的客戶是員工，把員工照顧好，員工才會盡心盡力地照顧客人。」

（1）用關懷鼓舞員工。華僑大廈在新員工入職、員工管理等各環節，給予員工充分的人文關懷。新員工到飯店，總經理就像迎接貴賓一樣，親自率眾迎接、親切談話、致歡迎詞，帶領新員工熟悉環境，安排領物品、食宿、培訓、學習消防及安全手冊等事宜。大廈為員工修建了宿舍，24小時供應熱水，有淋浴、空調、暖氣，環境非常好。同時，注重改善員工伙食，增加菜餚和主食品項。為了解決少數民族員工的飲食問題，還專門設立了回教餐，得到員工的好評。員工生病時，員工餐廳會根據情況另做餐點，由所在部門經理親自送到員工宿舍。在人事管理方面講究方式方法，給予員工充分的信任、公平的競爭機會和寬廣的發展空間。各部門每週一、三、五例會都彙報新員工動態。此外，關注員工的健康、生活、學習、家庭狀況，如飯店為員工慶生、拜年、老員工家訪、探病、直系親屬喪事弔唁等，員工有困難及時協助解決；並辦理全員軍訓、春遊、體育競賽等活動，創造關愛員工的氛圍，對員工的人文關懷若春風化雨，潤物無聲。

（2）用真情留住員工。飯店業作為服務業，員工的離職率很高。為降低員工離職率，華僑大廈採取一系列措施，用真情留住員工。一是徵求意見。先由部門經理與欲離職員工溝通，深入了解他們對飯店理念、規章制度的意見，和在生活、人際關係、身體狀況等方面是否有具體困難。二是談話交心。由人力資源部經理或部門管理副總經理與欲離職員工面談，就工作、制度、團隊、個人等方面談看法，清楚了解員工離職的原因。三是誠懇挽留。由總經理直接出面與員工面談。在可能的情況下，可調整工作、班別，或幫助化解誤會。對堅決離職的，總經理代表飯店感謝該員工對企業所做出的貢獻。透過面對面地談工作、聊家常，使離職員工高興，留者更安心，工作更盡心，生活更順心。現在，北京華僑大廈的員工離職率大幅下降，員工滿意度明顯提高。

案例分析

1.尊重員工，提升員工滿意度

北京華僑大廈對員工的關注，首先體現在對員工人格的尊重上。飯店對每一位員工都是平等、友好、親切的。如對新進員工，總經理親自率眾迎接、談話、致歡迎詞，安排熟悉環境，給員工親人般的關懷。其次，體現在尊重員工的意見上。如部門經理與欲離職員工溝通，了解他們對飯店理念、規章制度的意見，給員工以充分的話語權。其三，尊重員工的選擇。離職與否是員工的自由選擇。一般來說，員工主動離職都是有原因的。如有些可能只因為某種要求沒有得到滿足，有些可能是人際關係存在問題，有些可能是感到沒有發展空間等等。不管是什麼原因，華僑大廈的總經理都親自出面談話，了解員工欲離職的原因，在可能的情況下，予以工作調整。這種做法一方面表現了總經理的誠意，另一方面會使員工感受到自身的價值。在這種誠心的感動下，一般來說，員工是不會因一時衝動而離職的。即使是對因其他原因要離職的，總經理也表現出大度的胸懷，這無疑會使離職員工高興，留者更安心。

2.關懷員工，提升員工滿意度

關注員工的滿意度，必須給予員工以切實的人文關懷。華僑大廈在工作上關心員工、幫助員工，在生活中給予員工無微不至的關照。如為員工創造了良好的物質生活條件，盡力解決他們的後顧之憂。如關注員工的內心世界，注重對員工的精神激勵；關心員工及其家人生活，以增強與員工的情感聯繫等等。這些關懷會使員工心情舒暢，工作熱情高漲，最終能幫助實現個人價值與飯店價值的相互認同。

案例啟示

1992年，美國羅森·布魯斯公司總裁在《顧客第二》的專著中，向「顧客就是上帝」的傳統觀念提出了挑戰，認為「員工第一，顧客第二」是其成功之

道。員工滿意度ES（Employee Satisfaction）是相對於顧客滿意度 CS（Customer Satisfaction）而提出的。顧客滿意度CS強調的是「顧客第一」、「顧客就是上帝」；ES強調的是以員工為中心，倡導「員工第一」、「只有滿意的員工才有滿意的顧客」的管理哲學。它試圖透過營造良好的工作環境與提供合理的工作報酬，重視感情投資，來增強員工的「集體精神」、「主人翁意識」，使員工滿意。ES強化了員工在經營中的溝通協調作用，它要求將員工看作「社會人」，從各方面關心、愛護員工，而不能將員工僅僅看作是花錢僱用的勞動工具。

現在，許多飯店關注的大多主要是顧客滿意度，很少過問員工滿意度。似乎在市場經濟條件下，員工滿意度無關緊要，只有顧客滿意度才關乎飯店的生存與發展。在不少飯店，尤其是中低星級飯店，員工滿意度還是一個盲點。

員工滿意度與客人滿意度是直接相關的。根據著名的翰威特人力資源諮詢公司的「最佳僱主調查」，員工滿意度每提高3個百分點，顧客滿意度將提高5個百分點；員工滿意度達到80%的公司，平均利潤率增長要高出同行其他公司20%左右。可見，員工滿意度決定客人滿意度。員工滿意度高，為客人提供滿意服務才有可能。在一般情況下，兩個滿意度是成正比的。試想，一肚子怨氣或苦水的員工，能夠為客人提供滿意的服務嗎？即使有，也是一時的。如果員工總是處於一種不滿意的狀態之中，飯店的服務形象和服務品質，乃至飯店的效益，都可能會大打折扣。

所以，要提高客人滿意度，須先提高員工滿意度。前者是流，後者才是源。沒有員工滿意度這個源，何來客人滿意度這個流？不關注員工滿意度，只在乎客人的滿意度，無異於緣木求魚。如何才能像重視客人滿意度那樣在乎員工的滿意度呢？現代企業的管理理念是：請把員工當客人。只要飯店能像對待客人那樣善待自己的員工，那麼兩個滿意度都會升上去。

資料來源

林偉功・從加強員工人文關懷入手 調控飯店員工流失率・金源月刊

案例思考

1.員工滿意度（ES）與顧客滿意度（CS）之間有何種關係？

2.你認為應該從哪幾個方面提升員工的滿意度？

2-6 阿聯酋Jumeirah飯店集團——為提升員工素質營造優良環境

案例介紹

阿聯酋Jumeirah（音譯朱美拉）飯店集團，由Al-Maktoum家族投資的世界上最豪華飯店組成，現在擁有Jumeirah海灘酒店、米爾塔、阿拉伯塔等9家豪華級白金五星級飯店和一所酒店管理學院。該集團高層管理人員——從總裁到各家飯店的總監，幾乎全部是來自歐美的酒店管理專家，員工99%都是外國人。朱美拉集團在經營方面的業績十分優異，平均住房率達到85%。

Jumeirah集團不僅注重設施設備，更注重飯店文化建設，在該集團的後台工作區和員工生活區，到處都懸掛著有關企業願景、店訓、員工行為準則的標語。

Jumeirah集團的願景是：Jumeirah正努力開發一個全球化的超級品牌，Jumeirah是獨具慧眼的、特點鮮明的、令人難忘的名字。

該集團所有飯店的名稱都體現了「Jumeirah」這個世界最豪華飯店的品牌特點，但同時每家飯店都有其獨特性，同樣提供與此相匹配，最優質的服務。

Jumeirah集團的目標很明確：待人誠懇，大膽創新；並透過建立世界版圖的飯店投資集團，使其躍居為世界飯店業的龍頭。

Jumeirah飯店集團的店訓十分富有哲理：我會在第一時間微笑著問候賓客；賓客的請求對我來說永遠是正確的；尊重他人，待人誠懇。

Jumeirah集團在塑造一流員工素質方面，有自己特有的方法：

1.重視員工培訓

Jumeirah集團十分注重培訓。對新進員工要先做兩個整天的服務理念培訓，然後才是部門培訓。到職後，每個月還必須有六天培訓。最嚴格的是Jumeirah集團所屬的Madinate飯店，管家至少需經過六個月的強化培訓。

2.為員工的成長創造條件

Jumeirah集團為每位員工的成長創造條件，集團部門如有空缺，就及時公布，鼓勵員工參加競聘。飯店對所有晉升或更換部門的員工都要集中培訓。一位員工在同一部門兩年沒有變化，管理人員就會和其溝通。如果這位員工是因為特別喜歡這個部門，就會鼓勵他（她）繼續做下去。否則就幫助查找原因，提供教育和培訓，使其有更大的進步。

3.「工作、休閒兼顧」的工作制度

Jumeirah飯店集團的員工來自世界各地，在一起工作，有利於互相交流管理或工作經驗，這是Jumeirah飯店集團一大特色。為吸引優秀員工盡可能長時間在飯店工作，Jumeirah努力為員工提供靈活的工作制度。比如員工可以選擇一週五天或六天工作。對於亞洲員工，他們寧可多工作一天，以爭取多拿小費的機會；而來自東歐的員工，則喜歡少工作一點時間。這種「工作、休閒兼顧」的制度，可以說是Jumeirah集團管理員工的一大法寶。

4.給員工以優渥的待遇

Jumeirah飯店集團給員工的福利和薪資待遇非常優渥，特地在杜拜為員工蓋了一座「綠洲村」，作為6500 名一般員工的住宿地，內設超市、圖書館、健身房、桌球室、網吧、咖啡廳、網球場、籃球場、足球場、診所等服務設施；另外，為級別較高的4000名員工建造了八棟高樓層房，裡面設施齊全，並為他們提供食宿補貼。一般服務人員三人住一間房，領班和迎賓人員以上職位人員全都住標準房，還設有免費自助洗衣間、公用廚房等生活設施。所有室內場所全部安裝空調，免費供應員工餐，餐餐都有兩種以上水果和四種以上的飲料。

案例分析

一流的飯店肯定有一流的員工。Jumeirah集團為塑造一流的員工，主要為員工提供了以下優良的環境：

1.優良的工作環境

工作環境一般包括：（1）工作空間品質：員工對工作場所的物理條件、飯店所處地區環境的滿意程度。（2）工作作息制度：合理的上下班時間、加班制度等。（3）工作配備齊全程度：工作必需的條件、設備及其他資源是否配備齊全、夠用。（4）福利待遇滿意度：員工對薪資、福利、醫療和保險、假期、休假的滿意度。案例中，Jumeirah飯店集團為員工提供的工作環境，可以說在世界上都是一流的，福利、居住條件都非常優裕。飯店不僅提供豐厚的薪資，而且「工作、休閒兼顧」的工作制度，使員工有自由的選擇。同時，員工都是來自世界各地的優秀人才，而住房客人也同樣來自世界各地，各種文化在這裡相互交融。在這種開放的環境裡，員工能快速學習別人的經驗，有助於建設學習型的團隊。

2.優良的學習環境

為員工提供學習環境，主要是加強員工素質的學習與培訓，讓員工能夠很方便、快捷地獲取他們工作中需要的知識和訊息。Jumeirah飯店集團對員工的學習支持與培訓是全方位、全過程的，上班前、上班中、提升前，都有硬性的培訓規定。同時，飯店也十分注意滿足員工在成長過程中其他方面的學習需求，如員工可以透過上網、到圖書館學習。此外，飯店還透過舉辦各種體育活動增進員工之間的了解與友誼等。

3.優良的成長環境

Jumeirah集團中階層以上的管理人員，個個都有良好的教育背景，且都是一步步從基層部門升上來，這就使具有潛力的員工都能看到晉升的希望。因此，Jumeirah集團的制度規定，部門如有空缺，就及時公布，鼓勵員工參加競聘，而且在人力資源管理上，主要是從正面給予激勵，自然能讓每一個員工都看到自己的成長方向和成長空間。

案例啟示

飯店員工綜合素質的提高和工作熱情與潛能的發揮，需要一個良好的外部環境。心理學中有一道公式：B=f（P，E）——B 表示行為，f 表示函數關係，P表示個人因素，E表示環境因素。可見，一個人的行為如何，受個人內因與外部環境的共同制約。因此，飯店為提高員工素質而營建優良環境是十分重要的。

當然，為提升員工素質，僅僅提供優良環境是不夠的，還必須讓員工具有參與飯店經營與管理的動力，要建立授權機制。同時，要使員工的個人願景與飯店的願景融為一體。

資料來源

狄保榮·超豪華飯店中的璀璨之星——阿聯酋Jumeirah飯店集團考察報告·中國旅遊報

案例思考

你如何看待塑造一流員工的成長環境？

2-7 廣州中國大酒店——優化酒店習俗

案例介紹

1.基本情況

廣州中國大酒店坐落在廣州市流花路。酒店占地1.9萬平方公尺，總建築面積16.8萬平方公尺。主樓19層，高62公尺。擁有1013間符合國際標準的豪華客房。酒店設施齊全，有11間餐廳，總座位數達2186個。

廣州中國大酒店於1984年開幕，由香港的胡應湘、李嘉誠、李兆基、鄭裕

彤、馮景禧、郭德勝等六大財團投資興建，成為中國最早的三家五星級酒店之一。中國大酒店正式營業不到十年，總營業額就超過25億元，提前還清投資成本。1998年，萬豪國際集團公司（Marriott International）接手管理廣州中國大酒店，它成為這家世界頂級酒店管理公司旗下的一員。十年賺回了一間五星級酒店。

2.優化飯店習俗

萬豪文化中最重要的一點是：如果你妥善對待你的同事，那麼他們會對工作認真負責。為此酒店制定了有利於員工發展的人力資源政策，以及有競爭力的薪資制度，同時把員工當作「內部客人」（internal customers）一樣對待。在酒店內，他們不採用「員工」（staff）或者「僱員」（employees）這類稱呼，而是稱員工為「合夥人」（associates）。此外，每年的5月23日是「萬豪日」，在這一天，酒店以各種方式來感謝員工。如將所有員工的家屬都請到酒店來，帶領他們參觀酒店的不同部門，並且可以動手參與，以此讓員工的家屬能夠以他們為榮，另外也會讓員工的工作變得更輕鬆。

萬豪在培養員工良好習慣方面有著這樣一些要求：要求員工稱呼客人的名字；要求了解本地的景點知識，以便為客人介紹；預先判斷客人的需要，在客人提出要求前採取行動；遵守「15／5 守則」，當與客人距離15 步時，與他有眼神接觸，並面帶微笑；當與客人距離5步的時候，主動打招呼，說「早上好」或是「晚上好」；在電話鈴響三聲之內接聽來電；關注每一位客人的喜好、個性化需要，記錄下來，在可能的情況下做出反應；回答客人問題時，要停止手上所有其他工作；在客人住宿期間，對他的到來表達由衷的歡迎……在中國大酒店，所謂殷勤服務之道，就是牢記客人的一切禁忌、滿足客人的一切嗜好。現在，中國大酒店的員工已養成了這樣的行為習慣：

（1）員工都知道酒店的目標、價值觀、信念和自己的工作範圍。

（2）員工都能儘量使用客人的姓氏稱呼客人，預見並滿足客人的需求，熱情親切地送別客人。

（3）員工在工作時間從不使用客用設施設備，在任何時間、地點，行動都

能以客為先。

（4）所有員工基本上能確保對面前3公尺距離內的客人和員工微笑致意，並讓電話中的客人感受到他的友好。

（5）為滿足顧客的需求，員工能充分運用酒店賦予的權力，直至尋求總經理的幫助。

（6）員工能自覺在服務和品質方面提出改進和完善的建議。

（7）同事之間、部門之間能積極溝通，不推卸責任；在工作場所，從不對酒店做消極的評論。

（8）無論是酒店，還是員工，都能把每一次客人的投訴視作改善服務的機會。

（9）員工的制服乾淨整潔、得體，儀容儀表端正大方，在工作崗位上都精神飽滿。

（10）員工愛惜酒店財產，發現酒店設備設施破損時，都能立即報修。

案例分析

飯店習俗是習俗的一種特殊表現形式，是在飯店管理經營與服務工作中共同形成，具有普遍意義的習慣和風俗。它是一種經常性、穩固性的行為模式，是逐步積累並為大多數人所遵循的一種行為模式；它雖然是約定俗成的，雖然沒有強制力，但可以透過輿論監督，使飯店人員隨俗而行。

廣州中國大酒店的習俗，主要包含了四個方面的內容：

1.管理文化習俗

不同的飯店管理理念、不同的管理制度以及不同的管理者，會在飯店內形成不同的管理習俗。中國大酒店主要是萬豪國際酒店的文化，具有西方飯店文化的特點，因而側重的是解決人的精神和物質需要，以此為主要手段，激發職員的工作積極性，體現的是「以人為本」的管理習俗。如稱呼員工為「合夥人」，就充

分反映了這種文化價值觀。

2.飯店精神文化習俗

精神習俗是一種無形的心理文化現象，它通常包括信仰、道德、禮儀、禁忌。不同的飯店文化有不同的文化信仰、道德要求、禮儀規範及禁忌。如中國大酒店不採用「員工」或者「僱員」的稱呼，而稱其員工為「合夥人」，如對客人服務的「15／5守則」等，就體現了中國大酒店的禮儀習俗。在中國大酒店的精神文化習俗中，也有豐富的道德方面的需求與禁忌，它們共同構成了中國大酒店獨特的精神文化習俗。

3.行為文化習俗

飯店行為文化習俗是飯店人員的行為文化習慣，具體體現在待人接物等言行舉止方面。如萬豪要求員工稱呼客人的姓名；要求員工了解本地的景點知識；預先判斷客人的需要，在客人提出要求前採取行動；當與客人距離15步時，與他有眼神接觸，並面帶微笑；當與客人距離5步時，主動打招呼，說「早上好」或「晚上好」等。

4.文化生活習俗

中國大酒店透過一系列習俗規約，傳達和強化了萬豪的飯店文化。如每年的「萬豪日」為飯店員工召開的雞尾酒店會、年終總結表彰會、職工聯歡晚會、化裝晚會等，這都是飯店文化習俗的體現。

此外，廣州中國大酒店員工還養成了衣著乾淨整齊、講究儀容儀表的服飾文化習俗和注意禁忌的習俗。

總之，中國大酒店的習俗，是一種綜合性的文化現象，體現了物質的、社會的、精神的、心理的內容。

案例啟示

飯店習俗並不一定都是優秀的、健康的，其中也有一些是不良的陋習。如有

些飯店形成了「錢多多幹事，錢少少幹事」的不良習俗；有些重人治，以致在員工中形成了勾心鬥角、投機取巧的習俗。

飯店習俗向良性轉化，並非自然的轉化，而往往是人為的優化。人為地優化飯店習俗，就是要清除不科學的、不合理的、不健康的、不文明的習俗，即具有宗法色彩的飯店習俗，如爭職位、爭待遇、講享受等；極端個人主義的習俗，如損人利己、見利忘義、目無制度與紀律等行為方式。培育合理的、優良的飯店習俗，就是要引導員工養成講文明、講禮貌、講道德、講規矩、講信譽、講合作、講效益、講貢獻的行為方式。

中國大酒店的案例顯示，要優化飯店習俗，必須從以下幾個方面做起：

1.要認識飯店習俗在管理中的作用

古人云：「明乎風俗之貞邪，而治化之得失固焉，所繫豈淺鮮哉？」（清康熙《郯城縣誌》）充分強調了習俗的重要性。飯店習俗的優劣，直接反映著飯店管理水準的高低，管理秩序的好壞，管理效益的大小。因此，重視飯店習俗的優化，是飯店管理中不可忽視的工作。

2.飯店習俗要有利於飯店人行為的合理化

合理的習俗對飯店員工的行為有促進作用，不合理的習俗對飯店員工的行為有消極影響。如果經理在用人時，受任人唯親的習俗影響，就不會知人善任、任人唯賢，一些有能力的員工就會受冷落，被排擠。因此，飯店管理行為是否合理，要成為衡量飯店習俗是否優良的標準。

3.飯店習俗要有利於效益的提高

不良的、不合理的習俗，會使員工產生心理壓抑感和惰性行為，如不開心、精神狀態不佳，就難免臉上無笑容、工作應付拖拉，甚至消極怠工，這必然會直接影響服務品質，給飯店的形象和效益帶來不良影響。而優良的、合理的習俗，則有利於飯店人員的智力、體力、能力的充分發揮，能調動員工的積極性，提高他們對飯店管理的滿意度，從而提高工作效率。

4.優化飯店習俗，要從制定和固化制度入手

已制定和固化的制度時間越久，執行得越認真，越嚴格，這樣的飯店就越容易管理，因為遵守與執行制度一旦養成習慣，就會成為大家約定俗成、共同遵從的習俗；形成共識的飯店文化習俗越多，這樣的飯店就越好管理。

資料來源

黃晨霞．中國大酒店：稱呼員工為「合夥人」．21世紀經濟報導

案例思考

1.根據飯店行業的特點，你認為飯店習俗有哪些類別？

2.如何才能養成良好的飯店習俗？

2-8 上海波特曼麗嘉酒店——職業道德養成教育之道

案例介紹

1.基本情況

上海波特曼麗嘉酒店（The Portman Ritz-Carlton Shanghai）地處中國上海市中心著名的南京路，是一家集零售、餐飲和娛樂於一體的綜合性酒店。1991年開幕，1999年重新裝修，樓高45層，共有564間客房。現有員工800多人。自總經理狄高志（Mark DeCocinis）於1999年上任後，上海波特曼麗嘉酒店的業績直線上升，酒店利潤以每年15%的速度增漲，他個人也得以高升，登上了職業生涯的另一個高峰，成為麗嘉酒店有限公司亞太區副總裁。

上海波特曼麗嘉酒店在過去幾年裡，員工的滿意度從96%提高到99.9%。上海波特曼麗嘉酒店，是上海唯一一家連續三屆獲得著名的翰威特人力資源諮詢公司評選的「亞洲最佳僱主」桂冠的酒店，曾兩度榮膺由布隆勃格電視台和《亞洲商務》雜誌聯合頒發的「亞洲最佳商務酒店」，四度榮獲「中國最佳商務酒店」及「亞洲最佳會議設施酒店」。

2.職業道德的養成措施

多年來，上海波特曼麗嘉酒店十分注重員工管理之道，一直奉行「將員工培養成紳士淑女」的理念，在職業道德培訓方面別具一格：

（1）以「我們是為女士和先生提供服務的女士和先生」為座右銘。上海波特曼麗嘉酒店，上至高層管理人員，既包括本土的管理人員，也包括國外的管理人員及總經理，下至每一位員工，每一個加入麗嘉集團的人，他們都必須盡快了解「以紳士淑女的態度為紳士淑女忠誠服務」的管理文化和模式，並將「我們是為女士和先生提供服務的女士和先生」作為座右銘。座右銘包含兩層含義：一是以紳士淑女的態度對待客戶，二是員工以紳士淑女的態度彼此相待。

（2）讓每位員工隨身攜帶一張信條卡。在信條卡裡，包括公司的基本信條、員工承諾、座右銘、優良服務的三個步驟、員工基本守則五個部分，其中員工的基本守則是20條。每天學習一條基本守則，是所有麗嘉員工的功課。當20條學完了之後，再從頭學起，周而復始，從不中斷，目的是讓公司的每一位員工，都將公司的道德理念深深地印在心中。

（3）每年培訓150小時。上海波特曼麗嘉酒店為了將員工培養成「紳士淑女」，對每一位員工設計了培訓課程。既有為新進員工安排的在職培訓，也有為資深員工安排的21天部門在職培訓、365天培訓、3年的培訓等。每一位新人到職的前幾天都要接受以飯店文化為重點的職前培訓，另外還包括解決客人投訴等各種專門的培訓。平均下來，每位麗嘉員工一年的培訓時間累計達150小時。無論是21天培訓，還是365天培訓，培訓內容基本分成兩類：一是反覆強調的價值觀培訓，二是技巧性培訓。同時，酒店也非常注意員工在日常工作中的鍛鍊，把它視為紳士淑女培訓的實戰演練。

（4）展示酒店的道德水準。麗嘉酒店的每位員工都有一張「一流卡」和2000美元的權限。在任何時候，員工可以在「一流卡」上寫下你的感謝、道歉或祝福，給你的同事、上司或下屬，鼓勵員工發現同事的優點。而2000美元則用於對客人服務，比如發生意外時，為了給客人最好的感受，麗嘉的每一位員工都可以用自己的智慧為他們的客人提供最好、最及時的優良服務，用這筆錢，為

客人買單或者贈送額外的禮物。給員工這樣的權力，出於對員工的尊重，同時信任員工會充分為酒店考量，做出正確的判斷，不會亂花酒店一毛錢。

案例分析

飯店職業道德，是指從事飯店職業的人在工作中所應遵循的道德原則和行為規範的總和。具體來説，就是指從事飯店職業的人在職業活動的整個過程中，必須遵循的行為規範和行為準則，這是社會道德在職業行為中的具體體現。

上海波特曼麗嘉酒店的職業道德養成教育是很有特色的。「紳士」、「淑女」在人們心目中，是具有較高道德水準和文明修養的代名詞。將其作為道德養成的目標，首先基於總經理狄高志先生對職業道德養成的深刻認識。這一目標的提出和一系列養成措施，在內容上，它具有較高的穩定性和連續性，有利於形成比較穩定的職業心理和職業習慣。在形式上，它又具有較大的適用性。無論是座右銘、信條卡、「一流卡」，還是每位員工2000美元的權限，都是提高員工職業道德水準的有效形式，能使職業道德的功能得到充分發揮。

1.發揮了道德的認識功能

上海波特曼麗嘉酒店透過道德判斷、道德標準和道德理想等形式，直接反映了飯店從業者與客人之間、與相關行業之間，以及與同事之間的利益關係，從而直接或間接地反映飯店的職業特點。

2.發揮了道德的促進功能

上海波特曼麗嘉酒店藉助職業道德，使所有員工認識到了自己和他人的利益，認識到了自己應負的責任和義務，從而正確選擇自己的行為。因此，它所形成的責任感、義務感，能使上海波特曼麗嘉酒店的員工都能自覺調整行為，促使自己遵守制度與行為規範，積極掌握業務知識技能，努力勤奮工作，為酒店的發展做出自己應有的貢獻。

3.發揮了道德的激勵和警示功能

道德是區分善行與惡行的準則。上海波特曼麗嘉酒店透過評價、榜樣、激勵

等方式，堅定內心信念，以影響酒店所有員工的職業道德觀念和道德行為，產生激勵和警示的作用。如信條卡、「一流卡」、2000美元的權限等，都能激勵員工的職業責任感和榮譽感；同時，也警示了某些見利忘義、工作馬虎、不負責任，有違道德準則的行為。這種激勵和警示功能，是職業活動中不可或缺的，其作用是巨大的。

案例啟示

飯店職業道德的養成，是飯店為踐行職業道德義務，而對員工實施有組織、有計畫、有系統的職業道德影響的實踐活動。在上海波特曼麗嘉酒店的案例中，我們可以得到以下幾點啟示：

1.職業道德養成教育，要講究針對性

飯店職業道德的特點表現在調節範圍上，主要是用以約束飯店的從業人員，調整同一職業與社會及行業內部人與人之間的關係，和他們與所服務的對象之間的關係，對其他行業不具有約束力。飯店職業道德規範是本行業形成或制定的職業道德規範，是普遍道德規範，如義務、良心、公正等在飯店行業中的體現。因此，在進行飯店道德教育時要注意其針對性，尤其要針對飯店的行業特點進行職業道德教育。

2.職業道德養成教育，要結合心理特點

飯店員工的職業道德水準如何，是透過他在飯店職業活動中的行為表現出來的。一個人的行為表現是多方面因素構成的，依據一定的外部環境、內部的心理活動，而有不同的行為表現。因此，對在一定的職業道德認識、情感、信念支配下的飯店職業道德活動，必須按飯店職業道德規範來進行有意識的培養和訓練。如果只注重對飯店職業道德的認知教育，而忽略心理素質和行為習慣的培養，道理講得再多，效果並不一定好。如果員工在工作中遇到難以處理的問題，他們的心理就易於失衡。一旦心理失去平衡，在職業行為上就會出現偏差。因此，飯店職業道德的養成教育應是多方面的，包括認知、情感、意志等諸多方面。比如，不少服務人員能做到「百問不倦」、「百拿不厭」，但並不能說明他們對這種職

業道德要求都有較高的認識，有人這樣做是出自職務的自覺，有人可能是對事業有一種熱忱的追求，有人可能是出自生存的需要，怕被「炒魷魚」。可見，不斷提高飯店從業者的道德認識水準，在職業道德的養成教育中是最重要的。除此之外，還不能忽視職業活動中的情緒變化，如個人有了不如意的事，情緒已經不好，或已經感到疲勞了，再碰上一個挑剔的顧客，在這種情況下，怎麼能克服心理上的煩躁，而做到情感上的「不厭」、「不倦」呢？僅僅讓飯店從業者知道應該如何做是不夠的，還要訓練他們養成自我調節心理的習慣。在飯店培訓中，要注重對員工以下能力的訓練，如：如何提高冷靜分析事物的能力，如何改善自己不適宜的性格（缺乏耐心、好衝動、暴躁等），如何自我平衡，如何增強心理承受能力等等。習慣性的職業行為，在長期的職業實踐中，有些已形成規則化的行為模式，甚至禮儀化了。如見了客人問好，或表達歡迎，以示對客人人格的尊重。這種規則化、禮儀化的行為模式，也是飯店職業道德在行為上的外在表現。

3.職業道德養成教育，要注重自我修養

職業道德是一種依靠內心信念、社會輿論、行業傳統等維繫的內心立法。而要形成穩定的職業道德的人格品質，必須建立在自覺的基礎上，必須啟發飯店從業者加強職業道德修養的自覺性。不僅不能出現道德失範的行為，而且必須做到自律、自省、自警。修養是一種自我反饋、反省與約束。人貴有自知之明，一個人無自知之明，絕不會有正確適度的言行舉止；一個人不能自我反省、自我警示，就不可能形成高尚的道德情操。在自我修養方面，古人已積累了豐富的經驗。曾子曰：「吾日三省吾身，為人謀而不忠乎？與朋友交而不信乎？傳不習乎？」（《論語·學而》）「三人行必有我師」，「遷善改過」，「道雖邇，不行不至；事雖小，不為不成」等古訓，都是加強職業道德修養的良好方法。

4.職業道德養成教育，要注意形式方法

在飯店職業道德養成教育中，要根據飯店職業道德的特點，採取各式各樣的形式，如規範、公約、誓詞、守則、準則、店規店訓等，這些都是較好的表現形式。上海波特曼麗嘉酒店的職業道德養成教育形式，是值得我們借鑑的。

資料來源

1.施貝遐・波特曼麗嘉培訓之道 變員工為紳士和淑女・第一財經日報

2.周凱・波特曼麗嘉：讓員工享受工作・中國青年報

案例思考

1.上海波特曼麗嘉酒店的職業道德養成教育在內容和形式上有哪些特色？

2.為什麼飯店要加強職業道德養成教育？它對飯店形成品牌形象和增強競爭力有什麼意義？

第三章 飯店消費文化引導

一般來說，消費文化，是指直接進入文化消費領域、滿足人們日常文化需要的產品和活動，也包括為了直接消費而進行必要的再生產（複製）和輔助性創造的活動。飯店消費文化，是消費主體在飯店消費過程中消費觀念、消費心理以及由此形成的消費方式、消費行為、消費結果等等的總和。

飯店消費文化包括物質消費文化、精神消費文化和生態消費文化，它是社會文化一個極重要的組成部分。

物質生活是社會存在和發展的基礎，物質消費是物質領域文化的載體，物質文化對社會經濟的發展、對社會文明建設具有重要的作用。人們的消費首先是物質消費需要，物質消費發展了，就能提高精神文化消費的比重。生態需要，是對優質的生態環境和綠色消費品的需要，它不僅是最基本、最重要的生存需要，也是很重要的享受需要和發展需要。發展生態消費文化，有利於社會、經濟的可持續發展，有利於物質消費文化與精神消費文化的協調發展。

現在，隨著生產力的飛速發展，商品經濟日益發達，科學技術不斷進步，消費產品日益豐富。同時，消費服務也越來越社會化。飯店消費開始出現消費方式多樣化、消費結構多元化、消費內容健康化、消費追求個性化、消費範圍全球化的趨勢。飯店作為消費文化的客體，常常是引領消費文化新潮流的領頭羊，任何一個地方，即使是不夠發達地區的飯店，也總是引領著當地的消費文化。飯店必須與時俱進，用先進的文化來引導飯店消費生活，倡導健康、進步的飯店消費觀，以提高消費的層次與質量，充分發揮對消費文化的導向作用。

本章選擇了七個案例來闡述飯店消費文化的問題。這些案例中的飯店並非都有較大的名氣，也不一定都有很大的規模，但在消費文化的引導與創新方面，都

有自己的特色，對飯店經營管理者有一定的借鑑意義。

3-1 寧波新盛業大酒店——創新飯店消費方式

案例介紹

1.基本情況

寧波市新盛業大酒店，位於中國寧波市商貿中心，地理位置優越，交通十分便捷。酒店建築面積11000多平方公尺，客房寬敞明亮，舒適整潔，設施齊全，設有小餐廳、KTV、棋牌室、淋浴中心、商務室、美容中心等，是準三星級飯店。

2.倡導節約型消費

寧波市新盛業大酒店於2004年9月一開幕，就大力倡導節約型消費，推出了「計費自助式客房」：每間客房都安裝了冷熱水錶和電錶，採用「基本房價＋客房用品消耗量」的計費方式，即酒店設定一個基本房價後，其餘部分按照客人對水、電及拋棄式用品的消耗量計算，所有物品均採公開標價。賓客入住後，客房用品實行計費制，多用多付，少用少付，不用不付。這一消費新方式，受到了社會各界的廣泛關注。

對於為什麼要採用這種消費方式，該酒店的負責人認為，現在許多賓館、飯店普遍採用傳統計費模式，水、電及各種用品，用與不用一個樣。客人入住後，並不關心客房裡水、電的節約與各種用品的消耗，全天開著空調，睡著了「聽」電視，「長明燈、長流水」現象時有所見，不僅增加了飯店的開支，還造成資源浪費。推出計費自助式客房，就是想透過價格槓桿，倡導節約能源、節約資源的理念，促使每一位客人都像在家裡一樣，節約每一度電、每一滴水。

新盛業大酒店共有99間客房，全部採用兩種計費模式。賓客入住飯店時，可以根據各自需要，選擇不同的計費方式。以A類標準房為例，開幕優惠期間房

價為158元，而採用自助計費方式的基本房價僅118元，如果算上水、電以及拋棄式用品的正常消耗，每天可省下二、三十元。

業內人士對新盛業的做法多有讚許。中國寧波市旅遊局領導認為，推出計費自助式客房，在當前資源、能源短缺的情況下，倡導節約的消費方式，意義重大。

但另據有關報導，寧波新盛業大酒店推出的這種計費自助式客房，只營運了短短三個多月，就因消費者不習慣而夭折了。當初酒店特地投資了十幾萬元，改裝了管線，為每間客房都安裝了冷熱水錶和電錶，後來這些儀錶卻成了擺設。但酒店並不打算將這些儀錶拆除，只要條件成熟，計費自助式客房將可能重新推出。儘管有些遺憾，但在建設節約型社會的大背景下，新盛業大酒店在倡導飯店節約型和實惠型的消費文化方面，進行了有益的嘗試，這種創新意識和節約意識是值得肯定的。

案例分析

飯店的消費活動總是透過一定的消費方式進行的。消費方式一方面反映社會經濟文化的特點，另一方面體現消費者個人的個性特點。但消費方式是隨著消費主流文化而不斷更新的。寧波新盛業大酒店在倡導節約型、實惠型的消費方式方面，做了有益的探索，其方向是正確的，其節約意識和創新意識是值得肯定的。但為什麼會中途夭折呢？

這裡既有消費者的消費觀念問題，如有些客人缺乏節能觀念，認為住飯店就是圖個享受和方便，不在乎這一點水電費。同時，也存在不良消費習慣的問題，如有些客人在家就沒有養成節約用水、用電的習慣；有些客人出門了，仍用紙片代替房卡，插在房間電源開關上，讓房間裡的電燈、電視和空調開著。此外，辦理退房手續麻煩，不太方便，也是計費自助式客房不受歡迎的原因之一。與普通客房相比，計費自助式客房在入住和退房時，多了查抄水電錶和檢查拋棄式用品消耗量等人工計算程序，因此辦理手續的時間較長，若遇到賓客換房則更是麻煩。再加上帳單上沒有一一列出水、電等費用，而以一項總支出來代替，客人認

為透明度不高，對此有些意見。這些管理與技術問題，都有待於在今後不斷完善和改進。

寧波新盛業大酒店的計費自助式客房，儘管遇到了挫折，但並不必因噎廢食。隨著世界能源日益緊缺，人們的節能意識也會不斷增強，這種能源節約型飯店消費文化，將會成為一種時尚。

案例啟示

寧波新盛業大酒店在倡導節約型消費文化方面做了有益的嘗試，但並不能算是十分成功。作為承擔著一定社會責任的飯店，應該倡導怎樣的消費文化？如何創新消費文化方式呢？筆者認為，應該結合實際，有選擇地創新以下消費方式：

1.合理實行實惠型消費方式

中國還是一個發展中國家，經濟消費水準還不允許有更廣泛的高等消費和享受型消費。因此，實惠型消費更受消費者青睞。如經濟型酒店之所以受廣大消費者歡迎，是因為它的性價比高，讓客人感到物超所值。經濟型酒店在設計理念和裝潢水準上，把現代家居的簡約、清新、舒適、實用、實惠等特色融入客房，給客人以「家」的感覺。近幾年來，經濟型酒店越來越普遍，越來越受消費者歡迎，如南京就有10個品牌，共27家經濟型連鎖酒店，其發展規模還會越來越大。

2.有目的地引導享受型消費方式

當消費由必需品為主轉變為非必需品為主時，消費方式就會隨之轉變為享受型消費。一些高檔的消費場所，成了高收入者經常光顧的地方。如高級豪華飯店、高爾夫球俱樂部等。在物質生活進一步得到滿足的同時，人們對精神生活的需求也越來越強烈，用於陶冶情操、促進身心健康的文化藝術、休閒、健身、保健等已成一種時尚的消費，刷卡、加入俱樂部、成為會員或VIP，已成為一種時髦。享受型消費具有表現自我的作用，所以它的根本特點是個性多元化。人們的生活水準越高，其消費的享受性需求就越明顯，甚至會發展成為炫耀型消費方

式。美國經濟學家凡勃倫在其《有閒階級論》一書中，首次提出了「炫耀型消費」一詞。這種消費方式，在飯店這種高消費場所，常常表現得比較明顯，其消費目的已不在於滿足自身的物質需要，以及正常的精神需要，而是把消費作為一種標誌、一種象徵——自身富有的標誌。對於炫耀型消費，飯店應正面引導，同時又必須給予他們充分的滿足。

3.積極倡導科學理性型消費方式

中國長期以來還存在著一些不科學的消費觀念和消費習慣，如過度節儉、封閉型消費、盲目攀比、過度消費等等，這些都不利於人的健康和社會經濟、文化的發展。因此，提倡科學的、人與自然和諧進步的消費觀念和消費方式，是飯店消費文化創新中不可或缺的部分。

科學理性消費，必須有成熟理性的消費環境，這是一個社會系統工程，需要全社會的響應。作為消費者，應加強消費修養，做成熟、理性的消費者。這些都是消費文化創新不可或缺的基礎。

4.大力推行綠色消費方式

所謂綠色消費，是指以可以持續的和承擔環境與社會責任的方式進行消費。凡進行綠色消費的人們，則被稱為綠色消費者。

當今，綠色消費已成為全球消費文化的一種導向和時尚。作為現代飯店，要把引導綠色消費作為一種社會責任，如應向客人宣傳飯店的環保計畫和倡議，為客人提供綠色產品與服務，讓客人認識它，了解它，並購買它，而且在消費過程中體現綠色消費文化理念，摒棄落後的消費習慣。

第一，推出綠色產品。所謂綠色產品，是指那些符合「綠色標誌」（green lable）要求的產品。綠色產品可分為兩大類：一類是「絕對綠色產品」，指具有改進環境條件的產品，如飯店使用的空氣淨化設備（吸塵器、空氣清淨機等）、保健服務等；另一類是「相對綠色產品」，指可以減少對於環境的實際或潛在損害的產品，如綠色食品、綠色燃料、綠色客房等。飯店的主要有形產品之一是客房，如使用綠色建築材料，不使用含化學物質的材料和黏接裝飾材料，而

採用無汙染的「綠色裝飾材料」。客房地面宜用未經加工的地板原料或者天然石料，以免對人造成危害。此外，客房應使用綠色用品，如天然纖維、棉、麻質的布草、綠色文具、綠色小冰箱、節能燈等。

第二，推出綠色食品。綠色食品是指食品的品質特色、屬性，為「無公害、無汙染、安全、優質」的食品，是可絕對放心食用的食品。

第三，提供綠色服務。所謂綠色服務，是指飯店提供的服務以保護自然資源、生態環境和人類健康為宗旨，並能滿足綠色消費者要求的服務。綠色服務不僅體現在產品被消費時，還包括提供產品和產品被消費之後。以客人用餐為例：在客人點菜用餐時，餐廳服務生推薦、介紹菜餚，不能只考慮推銷產品，為飯店賺錢，還應考慮到客人的利益，力求做到經濟實惠，營養配置合理，應向客人推薦營養、健康的菜餚、飲料；餐後，必須根據環保要求，對餐具做有效處理，使之不汙染環境。若客人有剩菜，還必須提供「打包」和代客保管剩酒的服務。

資料來源

1.周松華，蔣一娜·節約型客房遭遇「大方客」·浙江日報

2.黃建·「計費自助式客房」值得推廣·青年報

案例思考

1.寧波市新盛業大酒店推出的「計費自助式客房」，是節約型的消費方式，但為什麼會夭折？除了案例中所列舉的原因之外，你認為還有什麼原因？

2.你認為飯店應該倡導什麼樣的消費文化方式？是高消費型的？還是實惠型的？是科學理性型的？還是節約型的？

3-2 北京新世紀日航飯店——突顯飯店酒文化主題

案例介紹

北京新世紀日航飯店，是在原新世紀飯店基礎上合資成立的五星級飯店，地處中國北京中西部商業文化區，飯店建築為地下2層，地上32層，總建築面積為10萬平方公尺，擁有725間（套）豪華舒適的客房、公寓和風格典雅的餐廳，並有設施完善的健身娛樂中心。

為了因應日益激烈的飯店業競爭，該飯店把握品牌建設，大力打造消費文化品牌。2004年，北京新世紀日航飯店以酒作為消費文化主題，首家推出系列「酒文化」主題普及活動，獲得了很好的社會效益與經濟效益。他們聯合中外名酒廠商安排不同的主題：7月葡萄酒，8月啤酒，9月清酒，10月香檳，11月中國黃酒，12月中國白酒。為了讓廣大消費者在品嘗佳釀的同時，了解酒文化的悠久歷史，北京新世紀日航飯店還多次請酒類專家舉辦中外名酒文化系列講座，涉及釀造工藝、歷史文化等方面內容，不僅加深了消費者對酒文化的理解，還促進了中外酒文化的交流。

案例分析

酒是一種非常奇特而又富有魅力的世界性飲品。酒分為不同種類，如白酒、黃酒、米酒、水果酒、啤酒、藥酒、露酒、葡萄酒，以及雞尾酒等洋酒。它們一問世便迅速打進社會生活的各個領域，以其獨特的功能與人們生活密不可分。無論喜宴、慶功、接風、餞別，還是祭奠、祈福、消愁、解悶，甚至醫療、養生、健美、長壽，幾乎都離不開酒。

在中國古代，酒被視為神聖的物品，只用於莊嚴、隆重的場合，非祀天地、祭宗廟、奉嘉賓而不用。隨著釀酒業普遍興起，酒逐漸成為人們日常生活的用物，酒事活動也隨之增多，並經人們思想文化意識的觀照，使之程式化，形成較為系統的酒風俗習慣。這些風俗習慣涉及人們生產、生活的許多方面，其形式生動活潑、姿態萬千。透過對飲人、飲時、飲地、飲趣等需求，融合了詩歌、書畫、風俗、遊戲等方式，把物質享樂的酒昇華為更高級的精神享樂；透過飲酒來影響人們的觀念、感情、行為、人際關係，從而創造出頗具浪漫色彩的生活意境和文化氛圍。現在，隨著對外開放和人們生活水準的提高，各種洋酒開始成為高

級飯店的消費品。品飲威士忌、白蘭地、人頭馬、伏特加等洋酒的人不斷增多，他們品飲的不僅僅是酒，主要是一種西方文化。

北京新世紀日航飯店將酒作為消費文化主題，一方面可透過酒文化的知識普及，推動世界酒文化的交流；另一方面，以酒為媒，吸引酒文化愛好者的眼光，激發他們的消費熱情，對於正確引導酒文化的消費觀念和消費行為，造成了示範作用，同時也可以因酒文化主題活動，而帶動整個飯店相關的消費。總的來看，北京新世紀日航飯店的「酒文化」主題活動體現了如下特點：

（1）不僅注重物質消費文化，如品酒、賣酒等，而且注重精神消費文化，如舉辦專家講座，提高消費者對酒文化的認識，以促進中外酒文化的交流。

（2）積極弘揚不同民族的酒文化。主題活動中既有原創於中國的清酒、黃酒文化，也有原創於外國的啤酒、香檳酒文化。

（3）高級飯店突顯了大眾消費文化。酒，是大眾飲品，無酒不成席，這是眾所周知的俗話。新世紀日航飯店打出酒文化牌，自然贏得廣大消費者的青睞，也會贏得更多酒文化愛好者的喝采。

案例啟示

不少飯店為了促銷，將酒文化作為營銷手段，吸引了不少消費者，獲得了良好的經濟效益與社會效益。但是，酒文化有積極的一面，也有消極的一面。因酗酒、賭酒給社會帶來的不良影響是不容忽視的。作為飯店，應該倡導積極、健康的酒文化。

資料來源

張煦，劉圓圓．北京新世紀日航飯店推出「酒文化節」．北京娛樂信報

案例思考

飯店打酒文化牌，除了出於營銷方面的考慮之外，還有什麼社會意義？

3-3 四川西康大酒店——開發飯店茶文化

案例思考

西康大酒店由中美合資安徽蕪湖平安房地產開發有限公司，於2000年在中國四川雅安投資興建。酒店依山傍水，擁有豪華套房、山景房、商務山景房、溫馨情侶房等，有多功能會議廳和議事廳，有一次可容納400人用餐的餐廳。

西康大酒店所在的雅安市，冬無嚴寒，夏無酷暑，堪稱天然氧氣吧、秀水之都、茶源之城，是大熊貓的發現地、茶馬古道驛站。西康大酒店藉2004年世界茶博會和第八屆國際茶文化研討會在雅安召開之機，打造出中國首家茶文化主題飯店。2005年被評為「中國誠信示範單位」、向海外推薦的「中國品牌飯店」。西康大酒店陸續推出了茶飲、茶膳、茶點，和再現濃郁茶馬古道歷史文化的茶語屋（獲2005年國家科技成果進步一等獎、專利技術「發明獎」二等獎）、茶語廊、物語屋等，消費者流連其間，品茗賞景，陶冶心境。

西康大酒店全面打造茶文化，可謂盡心盡力，淋漓盡致，整個酒店都洋溢著茶文化的氛圍。藏茶裝飾的接待大廳和茶屋，茶香撲鼻，喝的是藏茶，吃的是茶食。茶文化健康養生房更具特色，用一塊塊的茶磚裝飾而成，一進房間就有馥馥茶香。酒店的「滿茶全席」更是十分經典，如紅茶蹄膀、綠茶水晶鴨舌、鐵觀音九轉肥腸、茶香乳鴿等一系列茶菜品、茶宴席，深得中外賓客的好評。

位於17樓的茶屋，由有300多年歷史的金尖藏茶磚砌成，設有各式雅間11個，供應各種香茗幾十種，適合消費者品茗休閒、商務洽談、交朋聚友。同時，茶樓每日都有精彩的茶藝和文藝表演，讓消費者在品茶的同時，感受茶文化的藝術熏陶。

此外，西康大酒店開發的濃郁茶文化長廊，以獨特的100多幅玻璃畫面集中展示茶馬古道的遺風，及中國南路邊茶地域文化的歷史，再現了自西漢以來，茶工、茶市和雅安的風俗人情、歷史文化。

案例分析

西康大酒店在開發和引導茶文化消費方面可謂獨樹一幟，為弘揚和推廣中國優秀傳統的茶文化做了成功嘗試。茶的生命、茶的語言、茶的精神、茶的魅力，在西康大酒店得到了全面性的展示。西康大酒店茶主題飯店的成功，主要得益於以下幾點：

1.從文化積澱中找對切入點

經營者將飯店產品與當地的茶文化密切聯繫在一起，找到了飯店經營與消費的最佳切入點。雅安是茶源之城，是茶馬古道驛站之一，有三百多年的茶文化歷史，這為西康大酒店大打茶文化牌奠定了厚實的文化基礎，也為酒店開發茶文化提供了取之不盡的物質文化源泉。

2.在茶文化與消費文化結合開發上獨具創意

西康大酒店在茶文化與消費文化結合開發上，動了不少腦筋，具有創新性。如茶文化健康養生房、滿茶全席、茶語廊、物語屋等，以美妙的形式，將茶文化的精華點染得十分到位。尤其是再現濃郁茶馬古道歷史文化的茶語廊，能夠獲2005年國家科技成果進步一等獎、專利技術發明獎二等獎，就足以證明其創意的非同一般了。

3.能滿足消費者多方面的需求

一般來說，茶只是一種飲品，但是西康大酒店卻將茶作為一種文化來消費，將茶文化的元素融入所有消費活動中，既可以滿足消費者吃與喝的物質需求，也可以滿足觀與賞的精神需求，這也正是西康大酒店備受中外賓客歡迎的原因。

案例啟示

茶，是中華民族的舉國之飲，它發於神農，聞於魯周公，興於唐朝，盛於宋代，在漫長的歲月中，中華民族在茶的培育、品飲、開發，以及對茶文化的發展上，為人類文明留下絢麗光輝的一頁。

現在，飯店將茶文化作為一大服務項目的不少，但像西康大酒店這樣，真正將茶文化做精做大的並不多。其實在茶文化的開發與消費上，還大有文章可做。這就需要飯店經營者具有中國茶文化的開發意識和傳播意識了。

資料來源

1.劉治學．中國第一家茶文化主題酒店落戶雅安．西南商報

2.胡運．茶的雋永 生的執著．西康大酒店網

案例思考

你認為中國的茶文化是否可能會像可樂文化、咖啡文化一樣，成為一種世界性的消費文化？

3-4 鄭州中都飯店——以餐飲特色引導消費

案例介紹

1.基本情況

中都飯店是鄭州煤炭工業（集團）有限責任公司投資興建，一座集餐飲、客房、娛樂、商務、購物及旅遊於一體的四星國際旅遊飯店，開幕於1996年12月，是河南省旅遊國際定點單位、中國旅遊飯店業協會會員和國際金鑰匙組織會員飯店。它位於中國鄭州市航海中路，樓高17層，占地面積16.312畝，建築總面積46000平方公尺，由A座、B座、C座三幢樓體組成。飯店擁有風味各異的餐廳17間，各類客房300餘間，大小會議室16間，可同時容納800人入住用餐。此外，還有保齡球、桌球、三溫暖、游泳池、美容美髮、旅遊等服務設施。

2.經營措施

鄭州中都飯店一直高度重視企業品牌建設工作，以餐飲為重點，不斷豐富飯店的品牌內涵，並提出了「充分發揮餐飲整合優勢，做好餐飲全面管理，以餐飲

消費拉動飯店經濟效益提升」的工作思路。經過幾年的努力，中都飯店五個餐飲網點優勢互補的特點，得到較好的體現，餐飲工作從菜餚管理、對客服務、賓客關係維繫等方面，都有明顯的改進和提升，得到了用餐客人的高度認可。

（1）重視新菜餚的開發。飯店專門成立了菜餚創新領導小組，由各餐廳、廚房負責人和相關的飯店高層組成。飯店專門撥出資金，用於新菜餚的開發和推廣工作，定期派小組成員到一些經營比較成功、餐飲特色比較明顯的星級飯店和餐館學習與交流，依據考察交流情況，結合客人的需要，本著「人無我有，人有我優，人優我特」的思路，推出了一系列具中都特色的創新菜，在經過試菜和考評之後，逐步向客人推薦。依據客人點菜情況，定期評出點菜率較高的菜餚，以菜餚排行榜的方式，保留那些富有特色、受歡迎的菜餚，淘汰一些長期不受歡迎的菜餚，並以這些特色菜為基礎，以標準食譜的方式，把特色菜的用料情況、製作辦法、造型特點和口味特色明確下來，確保了菜餚製作的標準化。依據這些特色菜的銷售情況，各餐廳推出「兩菜必吃、每桌必點」的菜餚促銷辦法，受到了客人的歡迎。

（2）重視菜餚管理。在菜餚的日常管理上，嚴守材料進貨關、菜餚製作關、菜餚出品關。對於各種原物料的採購、選用，都由餐飲、採購、稽核三方組成的市場調查小組，定期考察，詳細掌握各種餐飲原物料的價格、品質情況，根據市場調研情況，核准菜品原料的品質與價格，確保原物料供應的品質；根據餐飲經營情況，定期邀集相關部門，召開餐飲成本分析會，針對當月的原物料採購情況、餐飲成本開支情況，進行詳細的分析和總結，找出餐飲成本管理中存在的不足，並不斷予以完善改進；在菜餚製作過程的管理中，採用了「三專四定」的辦法，即每道菜餚都保證專人製作、專用原料、專人把關，每道菜餚都定造型、定口味、定顏色、定器皿，確保菜餚製作的規範化和標準化。

（3）舉辦各種美食節活動。根據飯店的客源狀況，先後與多家星級飯店和著名的餐館合作，舉辦形式多樣的美食節活動，以此促進菜餚新品種的開發，並以舉辦美食節為契機，整合飯店資源，做好產品的設計、定位和全方位的營銷，以餐飲消費帶動飯店整體營業收入的提高。近年來，中都飯店先後舉辦了「荷花

美食節」、「湘鄂贛鄉土風情美食節」等活動，以微山湖魚宴和湘鄂特色菜吸引一部分客人，引導了鄭州的消費新潮流。

案例分析

菜餚創新是飯店推動餐飲消費的核心工作，也是飯店餐飲贏得市場、吸引客人的核心競爭力，更是飯店餐飲工作一項長期、全面的系統工程。為此，中都飯店把菜餚管理當作餐飲工作的核心，加強菜品的日常管理和菜餚新品種的開發，並以多種美食節活動的舉辦，加強菜餚的創新力度，從而確保餐飲菜餚領先於市場潮流，創造了自身的餐飲特色，形成了獨特的餐飲品牌。

中都飯店最大的成功之處，就是以客人為本，創新菜餚，並在菜餚的管理上做到了量化考核，在菜餚推銷上做到了心中有數，在打造餐飲品牌方面下了很大的工夫，成功地塑造了飯店消費文化新形象，造成了餐飲消費文化領軍企業的作用。

案例啟示

眾所周知，星級飯店的餐飲經營與一般餐飲業相比，在市場定位、服務特色、菜餚開發和管理、文化品位等方面，有著自身的許多優勢，但也存在著不足。有些星級飯店高高在上，以高雅大牌自居，往往以消費者適應本飯店菜餚的口味和風格為榮，不屑於迎合大眾消費者的需求取向，因而常常遭遇「曲高和寡」的尷尬。近幾年隨著餐飲業蓬勃發展，星級飯店餐飲經營的優勢越來越弱，餐飲競爭越來越激烈。因此，放下身架、做下里巴人、面向大眾消費群，已不失為一種明智的選擇。鄭州中都飯店的經驗和做法是值得借鑑的。

菜餚的開發與創新，是飯店必須要重視的工作，因為這是創造特色餐飲消費文化的必要措施。飯店的餐飲消費文化，必須以人為本，以消費者為中心。否則，飯店餐飲再高檔，也招不來回頭客。

資料來源

趙國強．以餐飲特色打造中都品牌．中國旅遊報

案例思考

1.為什麼要提倡「以消費者為本」的餐飲消費文化？

2.飯店怎樣才能引領餐飲消費文化？

3-5 珠海御溫泉渡假村——讓客人充分享受休閒文化

案例介紹

1.基本情況

珠海御溫泉是一座集住宿、健身、餐飲、娛樂於一體的渡假村，是中國國內露天溫泉旅遊渡假勝地之一。設有天然溫泉華興池、花草溫泉、木溫泉、咖啡溫泉、酒溫泉、瀑布溫泉、音波噴射溫泉、石溫泉，以及成人、兒童溫泉游泳池，和設備齊全豪華的健身中心等，十餘種不同類型的溫泉浴服務，並建有十多間獨立室內溫泉浴池的園林式貴賓休息房，還配有大型蒸氣浴和三溫暖浴室及40多間標準按摩、推拿室，可供客人浴後保健按摩，增強泉浴的療效。御溫泉渡假村以其豐富的文化內涵和完善的配套服務，吸引著中國國內外的遊客，是珠海著名的旅遊渡假勝地。

2.開發溫泉休閒文化

幾年來，御溫泉渡假村開發了豐富的溫泉休閒養生服務，包括民族文化溫泉、加料養生溫泉、詩情神意溫泉等系列：

（1）約式唐房（溫泉客房）。有御瀛莊標準房、複式房、帶廳複式房、豪華套房、御泉閣台式房和地式房等。

（2）田園美食。即根據「斗門風味，健康美食」的菜式創新要求，結合東西南北菜式，開發出以健康養生為主的御泉菜式。

（3）太醫五體養生。即根據初唐、中唐、晚唐太醫五體調理技法，推出五體養生項目，以及「潤心五寶」等調養項目。

（4）養生會務。即以御滿堂、御賓樓等特色會務設施為主，結合溫泉沐湯、太醫五體、健康養生宴、健康娛樂等，寓會務於養生中。此外，還有千色胡同、樓頂煙花場等主要設施服務。

為了讓客人充分享受休閒文化，御溫泉渡假村在同行業內首次開發了加料溫泉、情境溫泉、太醫五體溫泉、養生御道泉、純正溫泉泡法等。

珠海御溫泉渡假村編制了《綜合知識300問》與《實用英語手冊》，作為推行標準化管理與服務的學習材料。另外，御溫泉還受託擬訂了首部溫泉旅遊地方標準《溫泉旅遊服務地方標準》。同時，以「金鈕扣」激勵機制、服務技能大賽、大班特設獎等形式，作為員工執行標準的推動力，激勵員工做好本職工作。

案例分析

珠海御溫泉渡假村在休閒文化的開發和利用上，真正把溫泉休閒做精做細做活了，可謂匠心獨具。

1.充分挖掘了溫泉休閒的文化底蘊

珠海御溫泉渡假村在休閒文化的開發和利用上，把中國文化融入其中，如太醫五體、「潤心五寶」等，充分體現了中國傳統健康養生的文化理念。

2.全面推行了休閒文化的標準化服務

珠海御溫泉渡假村制定了一整套服務標準，以服務標準規範員工的服務行為，使之成為中國首部溫泉休閒地方標準的基礎。

3.善於創新溫泉休閒文化

將溫泉休閒文化的服務標準化，是經營理念的創新。珠海御溫泉渡假村在同業中首次開發了加料溫泉、情境溫泉、太醫五體溫泉、養生御道泉、純正溫泉泡法等，是對產品的大膽創新。這種創新既能滿足消費者的多層次需求，其服務項

目的差異化，也使珠海御溫泉渡假村贏得了強大生命力。

案例啟示

現在，各種休閒渡假村或渡假飯店不少，如海濱渡假、溫泉渡假、景觀渡假飯店等，各有千秋。但也有不少飯店僅僅是打著一塊「渡假」的招牌而已，在渡假休閒文化的開發與服務方面，都存在著不足，大多是有休閒設施、休閒環境，卻沒有休閒文化，或沒有自身特色的休閒文化。也就是說，發掘有飯店或渡假村自身特色的休閒文化還做得不夠。此外，飯店應該引導健康有益的休閒文化，這是創建飯店消費文化的一項重要內容。

資料來源

風子·御式服務 帝王享受·中國旅遊報

案例思考

作為休閒型的飯店或渡假村，如何才能創新休閒文化？

3-6 北京中國大飯店——營造美食雅文化

案例介紹

1.基本情況

中國大飯店是著名的五星級商務飯店，地處北京國貿展廳及國貿商城組成的中國國際貿易中心繁華商業圈內，開幕於1989年，2003年重新裝修，共有客房和高級套房745間。擁有800個座位的大宴會廳，以及深受美食愛好者喜愛的多家裝修華麗、布局精巧的餐廳。其中，夏宮主打廣東名菜、北京特色美食和全國各地佳餚；「百花廳」則以歐陸風味菜點為主，其西洋美食文化與高雅瑰麗的裝飾相得益彰；「鴨川」餐廳則以正宗日式餐點素享盛名。24小時服務的「咖啡

苑」不斷推出不同特色品種的亞洲和其他國家的美食點心；「布諾斯」酒吧則提供正宗德式菜餚和進口啤酒。

中國大飯店2005年4月被《歐元雜誌》讀者評選為「北京最佳酒店」，被《亞太商務旅行》雜誌評選為「北京最佳商務酒店」，並榮登富比士雜誌「中國最佳五十家商務酒店」名單。

2.營造美食雅文化氛圍

在北京中國大飯店，消費者能充分享受美食雅文化，如咖啡苑。其設計風格簡約精緻，非常適合現代商旅客人。在不同用餐時段，入口處的燈光會變換不同顏色：早餐時為暖白色，午餐時為紫羅蘭色，晚餐時為海藍色。極具東方色彩的天花板、明亮的鏡子、不同風格的座椅以及各種藝術品，把咖啡苑裝點得舒適優雅，為客人營造出獨特的用餐氛圍，給人以完美的用餐享受。又如沙拉坊。廚師精心設計調配的蔬菜沙拉特別爽口，凱撒沙拉以及清涼爽口的蔬菜沙拉系列，特別受消費者歡迎。壽司則是喜愛海鮮食物客人的最愛，獨特的創新美味壽司與壽司卷，為喜愛日式料理的客人提供了多種選擇，另外還提供各種亞洲冷菜與貝類海味組成的冷盤系列。在保健食品坊，清新健康的點心與飲品，選配了精心加工的香蕉、木瓜與酸奶等，能為消費者提供身體所需的各種營養。在點心坊，不同口味的餃子、精美的點心配上各種醬汁，讓人垂涎欲滴。

案例分析

高星級飯店是最能體現美食雅文化的地方。北京中國大飯店的美食雅文化主要有三個方面的特點：

1.充分體現了美食雅文化的內在神韻

首先，美食雅文化的思想與哲理，集中反映在處理美食與自然、美食與社會、美食與健康、美食與烹調、美食與藝術等方面。中國大飯店在美食的安排與布局上，就體現了雅文化的思想哲理：既有中國美食文化風韻，也有西洋美食文化內涵；既有美味佳餚，也有健康食品。其次，美食雅文化也是為了滿足社會人

的生存與心理需要而存在的審美思想，體現在「質、香、色、形、器、味、境、趣」等飲食享受追求方面。中國大飯店在這方面做得十分到位。同時，中國大飯店的美食雅文化，除了能滿足人們最基本的物質需求外，還賦予了許多潛在的、精神上的含義。

2.展示了豐富多彩的中外美食雅文化

中國大飯店有多家不同風格的餐廳，不僅能為消費者提供廣東名菜、北京特色美食和中國各地佳餚，還能供應歐陸風味菜點為主的西洋美食、花式眾多的亞洲和其他國家的美食，及正宗德式菜餚和進口啤酒。喜歡美食文化的消費者，可以在這裡得到盡情的享受。

3.具有優雅的美食文化氛圍和環境

中國大飯店的餐廳設計高雅豪華，別有風韻，為客人營造出獨特的用餐氛圍，給人以完美的用餐享受。

案例啟示

所謂美食雅文化，在歷史上是由上層社會所創造，屬於統治階級的飲食文化。隨著時代的發展和變遷，其階級性逐漸淡化。在物質文化日益豐富的今天，美食雅文化越來越受到廣大消費者的青睞。

一般來說，飯店星級越高，其講究美食雅文化的程度就越高，這與高定位、高品質、高消費是分不開的。

因此，我們在營造美食雅文化的同時，要倡導健康向上的美食雅文化，不要附庸風雅。同時，要根據消費者的需求來推廣美食雅文化。

資料來源

鄂平玲．北京中國大飯店以全新形象面世．人民日報海外版

張旭輝．別具一格的咖啡苑．中國旅遊報

案例思考

1.美食雅文化有什麼特點？

2.星級飯店應該倡導怎樣的美食雅文化？

3-7 珠海渡假村酒店——開發美食俗文化

案例介紹

1.基本情況

珠海渡假村酒店開幕於1985年，是一家休閒渡假型的五星級酒店，位於中國珠海市中心區，依山傍海，環境優美，素有「花園城市中的花園」之美譽。現擁有500間豪華客房、89棟歐陸式別墅，以及游泳池、實彈射擊場、賽車場、保齡球館等13項娛樂設施。酒店有8間風格各異的中西式餐廳、酒吧，三間大型多功能宴會廳，30個大小會議場所。

珠海渡假村酒店連續三年被中國評為「全國最佳星級飯店」，1997年被中國國家旅遊局評為「國家標誌性飯店」，並獲得「環境藝術金獎」、「總統套房金獎」和「特色餐廳金獎」三項大獎。

2.開發美食俗文化

雖然珠海渡假村酒店是一家高檔星級飯店，但在開發美食俗文化方面，創出了自己的品牌和特色。他們把碧麗宮餐廳的底層改造成「珠海漁家」。客人步入餐廳，宛若來到漁村。從海邊漁村的大幅彩色油畫到鑲嵌在木櫃裡的黑白海灘照片，從天花板的藍天白雲到大廳裡的漁船、漁網、浮標、船槳、海螺和貝殼，無一不烘托出濃郁而又樸實的漁家文化。這裡提供客人鮮活豐盛的海產，各種生猛海鮮都在長廊魚缸裡展示。食客在漁村裡徜徉，隨意挑選，現挑、現殺、現煮、現吃，其樂無窮。這裡屬於大眾消費，並且不收服務費，因而受到了廣大消費者

的歡迎。

案例分析

所謂美食俗文化，又稱「平民文化」。它產生於平民階層，具有相對的穩定性和經久的傳承性，歷史悠久，內涵較為豐富。飲食的俗文化分為民俗層次、審美層次、心理層次。美食民俗是一個國家或地區、一個民族世代相傳的飲食文化。我們可以從民俗的角度觀察美食俗文化的內在本質和特徵。美食俗文化的審美層次，是平民大眾的飲食審美趣味。

現在，高星級飯店大多不屑於做美食俗文化。其實美食俗文化的市場前景廣闊，大有潛力，尤其是高檔飯店做美食俗文化，更能吸引普通消費者。珠海渡假村酒店普及的美食「俗文化」，即漁家文化，由於與市場相互緊扣，顯示出經營者的文化底蘊和經營魄力。珠海渡假村酒店開發和經營在美食俗文化方面，主要有如下特點：

1.定位於雅俗共賞的大眾美食文化

珠海渡假村是五星級的渡假休閒酒店，有豪華客房、歐式別墅和多家風格各異的中西式餐廳、酒吧，提供的都是名菜佳餚和高品質服務，面對的是高端消費市場。但同時，他們並不忽略中檔市場。因為美食俗文化的市場更廣闊，更何況美食俗文化同樣可以帶動美食雅文化。

2.與自然環境和諧相處，相得益彰

珠海渡假村酒店依山傍海，環境優美，內有碧波蕩漾的湖水和綠樹環繞的樓台亭閣，有「花園城市中的花園」之美譽。尤其是「珠海漁家」餐廳將漁家文化（如漁船、漁網、浮標、船槳、海螺和貝殼等）再現出來，使消費者貼近民俗，親近自然，有效地營造了美食俗文化的氛圍。透過這些，我們就不難知道為什麼珠海渡假村酒店能獲得「環境藝術金獎」了。

3.隨意挑選的用餐方式

珠海渡假村酒店提供客人的菜餚，也是鮮活豐盛的海產，各種生猛海鮮都在

長廊魚缸裡展示，任食客隨意挑選，現挑、現殺、現煮、現吃。這種做法，既讓消費者品嘗到遠勝於冷凍食物烹製菜餚的鮮美滋味，又方便消費者借用餐機會結識未曾謀面的眾多食物，豐富用餐閱歷，增添用餐情趣，還滿足了客人顯示富有、闊綽和不凡氣度的需要。因此獲得「特色餐廳金獎」自然是當之無愧。

案例啟示

如何選擇美食文化的品位至關重要。不管定位如何，必須掌握俗不傷雅、雅俗共賞的審美要領。因為美食文化的雅與俗，與餐飲的吸引力和餐飲的價格關係不大，關鍵在於獨特性、唯一性和對口性，在於個性化、差異化的體驗。不同的美食有其不同的文化內涵，要求美食的產品設計有更深層次的文化內涵和立意更高的創新能力。如何尋找美食俗文化，如何挖掘美食俗文化，製作美食俗文化的產品和服務，是現代飯店美食文化創新的關鍵。

資料來源

珠海渡假村酒店網

案例思考

1.如何處理好美食雅文化與美食俗文化的關係？

2.現代飯店如何進行美食文化定位？

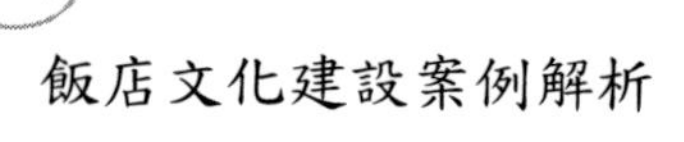

第四章 提升飯店服務文化的品味

飯店服務文化，是飯店在長期的服務過程中所形成的服務理念、服務方式及服務價值取向的總和。

飯店服務文化以服務價值觀為核心，以服務機制流程為保證，以服務創新為動力，是創造顧客滿意、贏得顧客忠誠、提升核心競爭力的一種文化；是開發服務資源，提升服務品質的重要途徑；是實施服務革命，推動服務創新，促進服務升級的必然要求；是整合飯店資源，提升飯店形象，打造飯店服務品牌，展現飯店和員工魅力的具體體現；是以人為本、以顧客為本的情感性溝通的渠道；是義利並舉的經營型、效益型誠信文化的綜合反映；是讓員工更新觀念，調整心態，用心服務，快樂服務，在服務中實現自身價值的管理手段。

由於歷史因素，服務文化在中國傳統文化中始終沒有地位。中國曾是一個缺乏服務意識的國家，而當今西方國家國民收入的60%甚至更高的比例是來自於服務業，服務業已成了世界經濟發展的支柱。萬豪酒店集團的創辦人馬里奧特說過，「生活就是服務」，我們時時刻刻都處在為別人服務和被別人服務的環境當中。建立飯店服務文化，必須拋棄中國傳統文化中的糟粕，以一種真誠、純潔的服務理念和服務精神，去培養飯店員工的服務意識。服務有了文化的支撐，就會越做越活、越做越實、越做越有品味，就能從制度的層面完成文化和觀念上的整合，充分發揮服務文化的輻射力、陶冶力、推動力，形成重要的生產力。同時，透過精神和文化的力量，從管理的深層規範飯店和員工的行為，使飯店和員工站在市場和客人的角度，不斷提升服務品質，在實現飯店價值和客人價值的同時，實現自己的價值。

高品質的服務文化將會陶冶出高素質的員工，高素質的員工將會創造傳播高品質的服務文化。

本章主要從正面對一些飯店在服務理念更新、服務形象塑造、服務方式創新的案例做分析，使大家真正認識到，飯店服務文化建設是增強飯店競爭力的有效手段。

4-1 杭州開元名都大酒店——建立服務核心理念

案例介紹

1.基本情況

杭州開元名都大酒店由開元旅業集團投資建造並管理，是開元旅業大型旗艦酒店，以47層樓近218公尺的高度聳入雲端，為中國杭州第一樓。酒店擁有各類豪華客房共512間和9個不同規格的會議場所，2個大型無柱式多功能宴會廳，可分別容納700人開會或用餐。另外，還有集健身、養生、休閒與商務社交活動於一體的康體俱樂部。

杭州開元名都大酒店於2005年1月開幕，僅一年時間，酒店就取得了傲人的業績：收入近1.2億元，接待了一系列諸如雀巢公司、飛利浦、中石油公司等國際500大企業商務會議。

2.建立服務核心理念

杭州開元名都大酒店開幕僅一年就取得如此成就，固然有許多因素，如超大規模的投資、連鎖品牌的支持、市場管道的確立、準確的戰略定位、專業化的管理等等，但其中一個重要因素，就是該酒店繼承並光大了開元服務文化的核心，從而鑄造了廣受顧客認同的服務品牌。

開元旅業集團從蕭山賓館的一家縣政府招待所起步，現在發展成為擁有16家酒店（9家四星級酒店、7家五星級酒店）的飯店集團。隨著時間的推移，開元把透過時間沉澱下來的核心服務文化總結為簡練的一句話——盡享開元關懷，它的核心內容具體包含在以下四個方面：

（1）時刻關心。每時每刻，在每一家開元酒店，優異服務始終如一。每家開元酒店都遵循「開元酒店基本產品和服務標準」，以確保服務品質的專業水準和質量的一致。每位酒店員工都經過專業培訓，在任何時候都竭盡所能滿足您的需要。

（2）無微不至。始終保持殷勤好客的服務，是基本服務準則。為每一位來店貴賓提供源自東方傳統待客之道的歡迎茶服務。另外，利用「金爵會常客獎勵計畫」為客人提供積分獎勵，使客人擁有豐富且物超所值的下榻體驗。

（3）高效便捷。所有開元酒店都採用業內最先進的OPERA前台操作系統，能夠完全共享成員酒店之間的賓客記錄，能夠為客人提供「一站式接待」服務。每一家開元酒店均提供快速入住、快速退房手續，同時設有行政樓層或商務樓層貴賓通道，使客人盡享快捷和便利的服務。

（4）喜出望外。為客人提供最高服務水準的金鑰匙服務，提供機票預訂、城市導遊等二十多項委託代辦服務。同時，在開元酒店，每一位員工都是「金鑰匙」，客人的任何需求，無論向哪一位酒店員工提出，都能得到滿意的回應。

案例分析

在案例中，我們具體介紹了杭州開元名都大酒店的服務核心理念。那麼，首先要弄清楚什麼是服務核心理念。所謂服務核心理念，是指飯店人員從事服務活動的主導思想意識，以及對服務活動的理性認識。它決定著飯店的服務面貌。

杭州開元名都大酒店的服務核心理念，是以時代背景為核心，以顧客價值訴求為目標，以顧客的體驗訴求為導向的文化體系。這一體系形成了開元獨特的服務品牌資源。

從案例中，我們可以看出，杭州開元名都大酒店的服務核心理念主要有如下幾個特點：

1.具有針對性

「盡享開元關懷」展現出開元關懷的對象是每一位來店的客人，指稱的對象

是客人。具體的核心內容如「時刻關心」、「無微不至」、「高效便捷」、「喜出望外」等，都是以客人的滿意為標準，是以客人最感滿意為目的。因而其針對性很強，也很具體，並不像有些飯店的服務理念那樣空洞無物。

2.具有主動性

對客人「時刻關心」、「無微不至」，都是對主動服務行為的要求。如為check in的客人提供歡迎茶服務，為客人提供「一站式接待」服務，辦理快速入住、快速退房手續等，都體現了服務的主動性。

3.具有超常性

超常性指不同於一般的常規性服務。如採用業內最先進的OPERA前台操作系統，完全共享成員飯店之間的賓客記錄，提供機票預訂、城市導遊等二十多項委託代辦服務等。

4.具有靈活性

如對每一位員工提出了「金鑰匙」的要求，每一位員工都有滿足客人需求，並使客人得到滿意回應的責任和義務。

總之，杭州開元名都大酒店的服務核心理念，都具體體現在服務人員的責任心、感情投入和細緻入微的服務行為之中。

案例啟示

如何使住房的客人找到溫馨、安逸的感覺，是飯店服務一貫追求的最高境界。因此，一家好的飯店，就要為顧客提供與飯店檔次相匹配的優質服務，使所有的客人都能在其盡善盡美的服務中，體會到家的溫暖和家人的關愛。

如何確立飯店的服務核心理念，對於建立有特色的服務文化有著十分重要的意義。首先，一家飯店要打造服務品牌，不能光靠飯店漂亮的裝潢和硬體設施，還需要人性化、個性化的服務文化理念來支撐。因為有什麼樣的文化理念，就有什麼樣的服務行為。其次，服務核心理念在文字表述上，不能流於一般化，應該

結合飯店文化的特點和飯店服務文化的定位來概括。杭州開元名都大酒店的這一案例說明，作為高星級的飯店，不僅對其核心服務的內容要有規範和標準，更要在核心服務的環節上有高效快捷的流程設置，在延伸服務和增值服務上，要有人性化的展現和體驗服務的創新。

資料來源

開元國際酒店管理公司網

案例思考

1.什麼是飯店服務核心理念？

2.如何才能使飯店的服務核心理念不流於形式？

4-2 廣東江門麗宮國際酒店——飯店設備的人性化服務

案例介紹

1.基本情況

廣東江門麗宮國際酒店，是由香港民亨有限公司和江裕集團有限公司共同投資2.5億元人民幣興建的五星級商務酒店，總建築面積56000平方公尺，集客房、餐飲、會議、娛樂及大型商場、智慧化管理的辦公室、酒店式公寓於一體。酒店擁有高級客房、套房360間；有格調高雅、設備先進的10間多功能宴會廳及貴賓室，可同時提供3000個餐位用餐，另有空中花園、標準泳池、網球場、健身房、兒童樂園等現代化設施。

2.「設置超前」的人性化服務

麗宮國際酒店在客房設計與設備設施上「設置超前」，具有不同於其他星級

飯店的「特色」。如所有客房全部使用「無線電頻率門鎖」，若客房門未完全關閉，「無線電頻率門鎖」會自動提醒服務人員前往檢查，比插卡式門鎖更加安全、便捷。浴室與房間採用玻璃遮擋的時尚設計，使賓客在沐浴時，能透過落地玻璃牆看電視。框架式落地玻璃窗，可以使客人觀看窗外秀美的東湖公園美景。坐廁設計也非常人性化，豪華客房還配置了「免治馬桶」，客人便解後改「擦」為「洗」，透過溫水洗潔後，再用熱風烘乾，客人只需靜坐享受。同時，麗宮國際酒店考慮到身材高大客人入住酒店時的特殊需求，為所有客房訂做了長210公分的超大床體，分為較硬較軟兩種。房間還用吊燈代替傳統的落地燈，客人可任意升降高度。「床頭控制面板」的設計，可以使客人不用移動半步，就能隨意控制房間內任何電器的開關，透過這個控制面板還可任意調節空調的溫度和風量、查閱國際主要城市的時間、欣賞廣播電台的精彩節目。此外，商務客房還配備有專用電腦，與高解晰度影印機的酒店商務中心連線，客人在房間內把資料、照片傳到商務中心，就能直接影印出高解晰度的資料、照片，方便快捷，能充分滿足商務人士的需求。由於麗宮國際酒店追求「內秀」，一切設施設備和服務都講究人性化，2006年1月開幕後不久，客房入住率一路飆升。

案例分析

飯店的人性化服務各式各樣，不同的飯店有不同的人性化服務方式。麗宮國際酒店一切為了客人的人性化服務理念頗具創新性。

1.有機地結合了服務與環境

在外環境方面，麗宮國際酒店將客房的玻璃窗設計成落地框架式，就是有意將外景納入客房的視線之內，使客人在客房的任何一個地方或角度，都能看到窗外秀美的景色。單從成本來說，落地窗肯定比一般的窗戶高，但將內環境與外環境結合在一起，表達了飯店對客人的尊重與關懷。

2.體現出一切為了客人的服務宗旨

麗宮國際酒店在設計之前，就樹立了人性化的理念，因而其室內的各種服務設施可謂「人性味」十足。儘管設備設施是不知人間冷暖的器物，但它所提供的

服務卻是十分殷情周到的，似乎頗通人性。如床頭控制面板、可以任意升降高度的吊燈、商務客房配備的專用電腦與酒店商務中心連線等等。

3.提供了客人沒有想到的服務

在為客人提供方便、舒適、美好的服務方面，麗宮國際酒店可謂無微不至，甚至提供了一般客人沒有想到的服務。如「免治馬桶」、「無線電頻率門鎖」等，能使客人真正享受到「上帝」的待遇。

案例啟示

所謂人性化服務，就是以人為本，真誠地關心客戶，滿足他們的實際需要，使整個飯店服務從服務行為到服務設施都富有「人情味」。

人性化服務，常常體現在細緻入微的服務之中，它是以客人最感滿意為目的。一家服務品質優良的飯店，除了服務人員必須為客人提供優質服務之外，飯店的硬體設施設備必須與其檔次相匹配，必須能為客人提供方便、舒適的優質服務，這是飯店服務必不可少的內容之一。只有這樣，才能使所有客人在其盡善盡美的服務中，產生「物有所值」，甚至「物超所值」的感覺。

資料來源

陶然．麗宮國際酒店．南方日報

案例思考

1.什麼是人性化服務？人性化服務是否應該包括飯店的設備設施？

2.人性化服務應該貫穿於飯店服務的方方面面，如何才能使飯店的服務設備設施更具人性化呢？

4-3 蕪湖國信大酒店——開展金鑰匙服務

案例介紹

1.基本情況

蕪湖國信大酒店是由安徽省國元控股（集團）股份有限公司獨資興建，並經營管理的四星級商務（會議）型酒店，開幕於1998年6月。酒店擁有各類客房166間（套）；400餘座位的中西式餐廳；一座可同時容納400人的多功能廳；不同規格的會議室6間；並有商場、書店、花店、商務中心、網球場、三溫暖中心、健身中心、酒吧等功能完善的對客服務設施。酒店地處蕪湖經濟技術開發區中心位置，毗鄰奇瑞汽車、美的製冷、西門子VDO、日立公司等大型知名企業。

2005年12月，蕪湖國信大酒店在西安舉行的國際金鑰匙中國區第十屆年會上，正式加入國際金鑰匙中國區組織，成為組織會員。目前，已有7名員工被授予金鑰匙徽章，成為國際金鑰匙會員。

2.積極推廣金鑰匙服務

為了推廣「用心極致，滿意加驚喜」的金鑰匙服務理念，不斷提高服務管理水準，國信大酒店採取了一系列有效措施。

第一，廣泛宣傳、認真領會金鑰匙理念的精髓和實質。組織召開金鑰匙工作彙報會，和舉辦金鑰匙服務的誓師大會，並在酒店大廳的電視螢幕裡、客用電梯裡、員工黑板上和櫥窗布告欄裡全面介紹國際國內各家飯店關於金鑰匙活動舉辦的情況，以及金鑰匙組織的精神、理念和做法。

第二，成立金鑰匙服務中心指導委員會和金鑰匙服務中心，集中領導和管理全店的金鑰匙服務活動。如舉辦「一線通」服務，對金鑰匙服務貴賓俱樂部客戶做好關係維護，其中包括友好酒店網路預訂、店外委託代辦業務、店內全程代辦業務、酒店重要客人VIP接待、金鑰匙服務諮詢、金鑰匙服務輸出、金鑰匙禮儀服務運作等。

第三，舉辦「一週一驚喜」活動。要求每一位員工都要落實「用心極致」的服務，櫃檯員工要用心為客人服務，給客人「滿意加驚喜」，後台員工要用心為

櫃檯部門做好後勤保障工作，同時也為客人做好服務，既給客人驚喜，也給一線員工驚喜。這項活動已經取得滿意的效果，並繼續向縱深發展。

案例分析

現在，世界旅遊飯店業已進入人性化服務的時代。專門提供人性化服務的國際飯店金鑰匙組織，成立於 1929年的法國巴黎，至今已有數十年歷史，已發展到30多個國家和地區。自1995年引入中國，1999年1月20日中國正式成立金鑰匙組織，目前已發展到全國93個城市的360家高星級飯店，已擁有金鑰匙會員582名。

國際金鑰匙組織的國際性標誌為垂直交叉的兩把金鑰匙，代表兩種主要的職能：一把金鑰匙用於開啟飯店綜合服務的大門；另一把金鑰匙用於開啟城市綜合服務的大門。也就是說，飯店金鑰匙成為飯店內外綜合服務標誌。飯店金鑰匙服務理念，主要包括這些內容：

（1）在不違反法律和道德的前提下，為客人解決一切困難。

（2）為客人排憂解難，「儘管不是無所不能，但也是竭盡所能」，要有強烈的為客服務意識和奉獻精神。

（3）為客人提供「滿意加驚喜」的人性化服務。

（4）飯店金鑰匙組織的工作口號是「友誼、合作、服務」。

飯店加入金鑰匙組織，也就意味著將為客人提供人性化服務，包括為客人提供訂房；安排車子到機場、車站、碼頭接送；根據客人的要求介紹特色餐廳，並為其預訂座位；聯繫旅行社為客人安排導遊；當客人需要購買禮品時，幫助客人在地圖上標明各購物點。當客人要離開時，幫助客人買好車、船、機票，並幫客人託運行李物品，還可以為客人訂好下一站的飯店，並與下一城市飯店的金鑰匙落實好客人所需的相應服務。總之，為客人提供他們想到的和沒想到的服務。所以豪華飯店中的金鑰匙，被客人視為「百事通」、「萬能博士」和解決問題的「專家」，代表了飯店委託代辦的最高水準。中國金鑰匙組織的承諾是：為全世

界旅遊者提供「高效、準確、完善」的服務，金鑰匙成為飯店優質服務人性化的象徵。

飯店金鑰匙會員的人生哲學是：在客人的驚喜中找到富有樂趣的人生。這就要求金鑰匙會員要有先利人、後利己的價值觀和全新的服務意識，竭盡所能地為住房賓客提供高品質、全方位、個性化的服務，同時，盡可能地讓客人有超值享受和額外的驚喜。

金鑰匙服務理念具有共同的價值觀、人性化的科學方法和共同的追求目標，金鑰匙們在為客人帶來方便、歡喜的同時，自己也實現了人生價值。金鑰匙服務理念是金鑰匙們長期實踐和總結的成果，沒有這個服務理念，就沒有金鑰匙的成功。

案例啟示

1.金鑰匙服務是飯店實力的體現

飯店金鑰匙，從本質上講，是指飯店透過掌握豐富訊息，並使用共同的價值觀和訊息網絡組成的服務網絡，為賓客提供專業化服務的委託代辦個人或合作群體的總稱。它要求金鑰匙服務人員能熟練、準確、高效率地完成飯店本職工作，了解各部門乃至周邊環境的相關情況，為賓客提供優質的、令客人驚喜的服務。飯店的金鑰匙服務系統是全球性的服務網絡，而金鑰匙服務是飯店服務精神的再次革新和突破，能帶動飯店總體服務品質的提高。

2.要有意識地選拔和培養金鑰匙服務人員

飯店服務屬於軟性產品，服務水準如何，沒有十分精確的量化標準。而要選拔、培養一名金鑰匙服務人員，必須有嚴謹科學的規章制度，公平合理、具有激勵性的用人機制及服務人員的良好素質和敬業精神。否則，金鑰匙品牌的內涵就難以很好地擴大和提升。

3.要愛護金鑰匙服務這一品牌

金鑰匙服務是流行於世界各地的品牌服務方式，要將它維護好，得靠金鑰匙

成員飯店和金鑰匙服務人員共同努力。一般來說，金鑰匙服務員工的素質、專業技能、服務態度等都優於一般員工，並且在服務技巧上有自己的獨到之處，能影響飯店的員工，成為學習的榜樣。但是，金鑰匙服務人員因為身分特殊，時間一長，就可能產生自滿情緒，自以為高人一等，技高一籌。而一般員工如果因名利上的差異而導致心理不平衡，就會與金鑰匙服務人員產生溝通障礙，進而影響工作和彼此間的感情。因此，要不斷加強對員工，包括對金鑰匙服務人員的思想教育和引導，使他們保持良好的心理優勢。同時，金鑰匙服務人員也存在著一定的工作壓力和心理壓力，飯店管理階層應對他們多關心和幫助，使金鑰匙服務人員健康成長。

資料來源

夏成俊，楊秀鳳．蕪湖旅遊界首次獲國際殊榮．蕪湖日報

李青．「金鑰匙」能否打開服務質量之門．中國旅遊報

案例思考

1.金鑰匙服務的具體含義包括哪些？

2.高級飯店加入金鑰匙組織，對飯店服務文化建設有什麼意義？

4-4 日本岡部飯店——日本服務文化的典型範例

案例介紹

岡部飯店是一家在日本國內外擁有7家分店的飯店集團，它的服務充分體現了日本服務文化的特點。該飯店從迎賓服務、住房服務，直到送客服務，始終把客人真正當作「上帝」，無不使人感到親切、溫暖、熱情、周到、舒適、方便。

當客人光顧飯店時，櫃檯若干人員都會鞠躬迎接，接過客人的行李。為了不使客人感到拘束，服務人員都會主動向客人搭話，使客人一到飯店就沉浸在熱情

洋溢的氣氛之中。當客人離開飯店的時候，飯店要召集員工歡送，鞠躬致謝，頻頻揮手，顯得情真意切，表現出對客人的一種眷戀之情。

日本岡部飯店的服務，是日本飯店服務文化的典型代表。歸納起來，主要有如下特點：

第一，抓住客人的心理進行服務。針對客人的一般心理和個別客人的特殊心理進行服務。他們認為客人出門在外，往往有一種不安的感受，因為客人對其他地區和飯店的情況不了解，所以服務的第一步，就是要消除客人這種不安的感受。如果服務人員與客人一見面就能交上朋友，就會使客人的期待感得到滿足。

第二，帶著微笑進入飯店。飯店要求服務人員必須自始至終都採微笑服務。無論在任何場所見到客人，都要主動點頭打招呼，特別是早晨的問候。他們認為在早上腳跟併攏，目視客人說聲「早上好」，會使客人一天心情舒暢。在走廊，因為工作忙錄，走路必須超越前面的客人時，還要說一聲對不起，請求客人原諒。在與提著行李要離開飯店的客人相遇時，無論誰都會說：「謝謝，請慢走。」服務人員的微笑和語言，對客人來說是一種莫大的安慰和享受。

第三，把一視同仁作為服務原則。日本的熱情服務都是一視同仁的，他們認為人們感到最不愉快的是被分為三六九等。不論是年輕美貌的女客人和白髮蒼蒼的老人，還是腰纏萬貫的富翁和囊中羞澀的百姓，只要是飯店的客人，就都應一樣對待。櫃檯的原則就是「先到先服務」，或者說按順序服務。

第四，永遠處於僕人的地位。飯店對服務人員的裝束有嚴格的要求。上班時，女士不准化艷妝、不准戴耳環、項鍊，戴戒指也只能戴訂婚或結婚戒指。每個人都必須佩戴服務名牌。服務人員的任何裝飾都不能超過客人。例如，當你發現你戴的手錶比客人的手錶還貴的時候，你必須主動地把錶面朝向內側，避開客人的目光，不能讓客人有一種這位服務人員比我富有的心理。總之，服務人員要永遠處於僕人地位。

案例分析

從日本岡部飯店的案例，我們發現日本飯店服務文化的特點，主要表現在兩個方面。一方面是善於預見客人的願望和需求，另一方面是既能做好客人想要的，又能做到客人沒想到的。

1.善於根據客人的心理特點實施服務行為

對初來乍到的客人體察十分細緻，做到心中有數。他們認為客人出門在外，往往會有一種不安的感受，為了消除客人的不安感，他們要求服務人員與客人一見面就能交上朋友，使客人的期待感得到滿足。同時，服務人員的微笑和熱情招呼，能使客人得到心理上的安慰和精神上的享受。

2.善於根據客人被尊重的需要提供個性化服務

相對來說，到中高檔飯店的客人大多有一定的社會身分和地位，其物質、精神及自尊方面的需求一般來說相對較高。岡部飯店對客人一視同仁的服務原則，就十分得體，正所謂童叟無欺，一律平等，體現了公平服務的原則，避免了「看人說話」的不良服務傾向。

3.注重細節服務

日本人做任何事都講究精細，幾乎到了無可挑剔的地步。岡部飯店對服務人員的穿戴打扮，做了明確細緻的要求，從細節上體現了對客人的尊重，體現了對客人的心理關懷。這種細節服務具有日本式的文化背景，對於其他國家的飯店來說，要做到這一點，是不那麼容易的。

案例啟示

岡部飯店服務文化是日本禮儀文化的具體展現，濃縮了日本文化的精髓。日本文化最突出的特點是謙遜和感恩，因而日本飯店的服務文化明確將服務人員定位在「永遠處於僕人的地位」。既然是僕人，那麼對主人或賓客當然是盡善盡忠的，因而其服務的熱情周到程度就不用多說了。西方一些飯店服務文化的定位與日本是大不相同的，西方的飯店服務文化中，將飯店服務人員定位為「紳士和淑女」，與客人是平等的。但日本飯店服務文化卻認為服務人員與客人在地位上是

不平等的，因為客人是衣食父母，是上帝，是飯店生存的基本來源，因而奉行的是絕對的「客人至上」的服務宗旨。

中國與日本同處在東方文化圈，除在飯店服務文化上有許多相同相通之處，同樣奉行「賓客至上」的服務宗旨，但服務人員並未完全定位為「僕人」，因為「僕人」這種具有階級等級的分法，與我們今天的意識形態是不相適應的。事實上，中國飯店服務人員大都沒有僕人意識，只是分工不同。但不得不承認的是，職業和地位上的差距是客觀存在的，不過差距並沒有差到「僕人」與「主人」之間那麼大。因此，中國的飯店服務文化既不同於日本，也不同於西方，換句話說，既有一點西方服務文化特點，也有一點日本服務文化的特點。

資料來源

郭力．日本的酒店管理及服務質量——赴日考察後的反思．遼寧經濟

案例思考

1.日本的飯店服務文化為什麼要將服務人員定位於「僕人」？

2.中國是否有自己特有的飯店服務文化？為什麼？

4-5 英國倫敦薩伏依飯店——一流飯店的個性化服務

案例介紹

英國倫敦薩伏依飯店，迄今已有幾百年歷史。1246年，亨利三世在泰晤士河附近，為一位富有傳奇色彩的王子薩伏依．彼得建造了一間以他的名字命名的豪宅，後來，便成為整個倫敦最負盛名的豪華大飯店。這家飯店不斷地吸引著許許多多達官顯貴，他們有的是商界鉅子，有的是政界要人。薩伏依飯店也因此成了極盡奢華的名流們的聚集地。

科沃特是英國頗有名氣的演員，他每次到倫敦必住薩伏依飯店。他喜歡預訂

507號房，所以每次做好旅行安排後即打電話給飯店，要求騰出507號房。他還有一個怪癖：房內的物品都必須按指定位置擺放，不可隨意移動或增減。一次，他發現一個放有花盆的茶几被挪動了，極為不悅，大聲責罵服務人員，並將此事投訴到了飯店經理那裡。飯店經理將新來的服務人員訓了一通，然後告訴他：「我們是世界上一流的酒店，客人的需要就是我們服務的目標，我們有什麼理由不滿足科沃特先生這一要求呢？我相信你會有辦法的。」服務人員回去後思索半天，第二天他帶了照相機，趁客人外出的機會，打開507號房，從幾個不同的角度把房內所有布置全都拍攝下來。另外，他還用尺子丈量了距離，把數據原原本本寫進筆記本內。

經歷這件事後，他在服務技巧上更加精明成熟了，以後遇到科沃特先生這類十分苛求的客人，他就有解決辦法了。

案例分析

現在，顧客的要求越來越高，飯店提供的服務也越來越傾向於個性化，服務個性化是21世紀飯店業成功的關鍵。個性化服務是一種非規範化的服務，也是一種非制度文化，它源於西方發達國家，是指以標準化服務為基礎，但不囿於標準，而是以客人需要為中心去提供各種服務，即針對性的服務，同時包括超越標準的特殊服務。

薩伏依飯店向科沃特先生提供的，就是一種特殊的個性化服務，即滿足客人特別的偏好和苛求。「移動一下放有花盆的茶几」是一件很細微的事，但對有奇怪偏好的客人科沃特來說，是一件大事，也許這種微小的變動影響了他的心理感受，也許這種變化使他感到不適。不管怎麼樣，在薩伏依飯店看來，客人的任何要求都是合理的，都不能講任何條件，而應該不計較任何時間和精力地去滿足。這就是薩伏依飯店的服務理念和服務宗旨，任何服務人員都得無條件地執行。由此可見，個性化服務是薩伏依飯店最重要的服務內涵，也是它成為世界上最高貴豪華飯店之一的理由所在。

案例啟示

飯店的消費者在年齡、職業、經歷、文化程度、興趣、愛好等各方面都是有個性差異的，「熱情、禮貌、周到」屬於共性服務，但消費者的情況各不相同。因此，在標準化服務的基礎上，提供個性化服務非常必要。

那麼，在飯店服務的實際工作中，如何才能有效地提供個性化服務呢？

第一，要根據客人的心理特點調整服務行為。尤其是對初來乍到的客人要觀察細緻，做到心中有數。每天來店的客人性格各異，要想讓每位客人都能高興而來滿意而歸，就必須了解不同類型的客人。一般來說，客人大致可分為以下四種不同的氣質類型，針對不同類型客人可以採取不同的服務方式：活潑型。此類客人一般表現為活潑好動，反應迅速，善於交際，但興趣易變，具有外向性。提供服務時，要多與其交談溝通，但不應過度重複，否則客人會不耐煩。要多向客人提供酒店訊息，讓他們主動選擇，儘量滿足他們的要求。

安靜型。此類客人一般表現為安靜、穩定、克制力強、很少發脾氣、沉默寡言，喜歡清靜、熟悉的環境，不易受促銷的影響，對服務項目喜歡細心比較，斟酌決定。這就要順其心願，不要過早表述服務建議，給他們足夠時間選擇，不要頻繁催促，不要和他們有太多交談或表現出過多的熱情，要把握好服務的「度」。

興奮型。此類客人一般表現為熱情、開朗、直率、精力旺盛，喜歡新奇，但比較粗心，容易遺失所帶物品。對待這類客人應儘量與他們溝通，不要爭執，萬一出現矛盾，應避其鋒芒，以柔克剛。

敏感型。此類客人一般沉默寡言，不善交際，對新環境、新事物難以適應，遇事敏感多疑，言行謹小慎微，內心複雜，深藏不露。服務這類客人時，應熱情相待而不失禮節，語言要清楚明瞭，恰到好處。

第二，要根據客人社會尊重的需求提供個性化服務。相對來說，作為前來消費的客人，自然有一種優越感，並有得到尊重的心理需求。這一方面是買賣雙方

不對等的關係客觀形成的，另一方面，與客人的社會地位和身分有關。因此，如果服務人員在態度上、行為上都給予他們充分的尊重，使他們在這方面得到極大的滿足，無疑會給他們帶來莫大的愉悅。

第三，要根據客人的消費動機與偏好，注重服務細節。在上述案例中，如果服務人員注重和了解到客人的偏好，就不會出現不愉快的場面。當然，個性化服務在很大程度上與服務人員個人精明能幹的服務素質有關。

資料來源

中國食通商務酒店網

案例思考

1.為什麼要注重個性化服務？個性化服務在飯店服務中有什麼重要作用？

2.如何處理好規範化服務與個性化服務的關係？

4-6 曼谷東方飯店——細節服務暖人心

案例介紹

1.基本情況

曼谷東方飯店是舉世公認的世界最佳飯店，有900多名員工，396間客房和34間套房。它曾連續10年被美國紐約《機構投資者》雜誌評為「世界最佳酒店」、「最佳商務酒店」、「最佳個人旅館」。它以優質的服務位居世界著名旅遊飯店之首。

東方飯店已有100多年歷史，當時只有一棟洋房，叫「東方客棧」，是「外籍水手的家」。1876年，東方客棧賣給兩位丹麥船長後轉型為旅館。1881年，丹麥商人漢斯．尼爾斯．安德森接手後不久，就將它晉升為有地毯和壁紙的「豪華」旅館。1890年以後，東方飯店因接待各國王室成員頻繁，成了名副其實的

「王室招待所」。

2.注重細節服務

曼谷東方飯店的服務是世界上最周到、最優秀的，它的服務品質可以說到了無可挑剔的地步。據說，悠久的歷史和文化傳統，以及注重細節服務，是東方飯店能屹立100多年的原因。這些細節服務包括：每間房間都有一籃當地出產的水果，並附有水果來源、口味和生長環境的說明書。如果客人要求按時起床，擔任晨喚服務的人員會在幾分鐘之後，再一次用電話詢問賓客是否真正醒來。在東方飯店，客人在房裡是見不到任何服務人員的。服務人員每天都趁房客不在的空檔打掃清理房間。那麼，他們如何得知房客不在房內呢？當客人離房，頂在房門外底下的牙籤會倒下，巡房員便知道客人出門了，於是通知清潔人員整理，出來後再將牙籤豎立。當客人回房，牙籤又倒了，這時巡房員便知客人進房了，又會悄悄地再將牙籤豎立。

曼谷東方飯店的「僕役長」按鈕式服務是最為客人稱道的。客人的衣服扣子掉了要縫，襪子破了要補，內褲皺了要熨，甚至半夜裡牙齒壞了要補，寵物餓了要吃等事，都可以透過這個按鈕，立即叫人過來服務。

有一位紐約商人是泰國曼谷東方飯店的常客，有次他在星期五住進這家飯店，發現飯店把他的房間安排在二樓靠近樓梯的地方，他為此深受感動，因為基於宗教緣由，他在星期五不能搭乘電梯。這種事情雖小，但只要客人有需求，馬上就能得到滿足。

此外，還有這麼一個發生在曼谷東方飯店的案例，在業內流傳甚廣。

一位姓余的中國商人入住曼谷東方飯店，當他走出房間前往餐廳時，樓層服務人員恭敬地問道：「余先生要用早餐嗎？」余先生很驚訝：「你怎麼知道我姓余？」服務人員說：「我們飯店規定，每一層當班的服務人員晚上都要記熟每一個房間客人的姓名。」余先生驚歎不已，因為他住過世界各地許多高級飯店，從來沒有遇過這麼細心的服務。

余先生走進餐廳，服務員小姐微笑著問：「余先生要坐在靠窗的老位子

嗎？」余先生更驚訝了，心想儘管不是第一次在這裡吃飯，但離上次也有一年多了，難道這裡的服務小姐記憶力那麼好？原來客房服務人員已經用內線通報了余先生即將到餐廳的訊息，而且餐廳服務人員已從電腦中查到余先生一年前在這裡用餐時的菜單記錄，在點菜時問他是否換口味。

用餐後，服務人員又端上一份免費奉送的點心。余先生第一次看見這種點心，覺得很好奇，問是什麼點心。服務人員連忙後退兩步，才告訴他這是什麼點心。服務人員之所以要後退兩步，是因為怕說話時將口水不小心落在客人的食物上。可見，這種注重細節的服務，真可謂到了無微不至的程度。

幾天後，當余先生處理完公務退房準備離開酒店時，櫃檯服務人員把單據折好放在信封裡，交給他的時候說：「謝謝您，余先生，真希望不久就能第三次再見到您。」原來，所有的客人住了幾次，飯店都有記載，而且服務人員必須迅速透過電腦查閱，並有意識地向客人表達自己歡迎客人再次光臨的願望。

案例分析

「細節決定成敗」已成了一句時尚用語。之所以時尚，是因為它道出這樣一個哲理：100減1，有時等於0，並不一定等於99。在高星級的飯店服務中，所謂優質，主要體現在細節上，細節服務都做到了位，就不用說其他大的服務了。曼谷東方飯店的細節服務，主要有如下特點：

1.在服務環節上，細緻到位

從客人入住東方飯店開始，其服務環節緊緊相扣，可謂一絲不苟。免費贈送到房裡的水果，都附有水果來源、口味和生長環境說明書。這似乎是多此一舉的小事，但一方面表達了對客人的敬意和尊重，另一方面也有友情含義：這種水果可以放心吃！為了不打擾客人，服務人員在打掃清理房間時，從不與客人見面，曼谷東方飯店在這方面想得多麼周到！巡房員與服務人員之間配合默契，使客人得到了潤物細無聲的關照。客人從離開房間到餐廳，一路上的跟蹤服務更是令人稱奇。

2.在服務項目上，注重細化

如「僕役長」按鈕式服務，其服務項目從小到大，從人到寵物，只要客人有需求，就能得到滿意的服務，可謂無所不包。許多星級飯店都有晨喚服務，但有再次確認的晨喚服務並不多見，曼谷東方飯店不愧是對客人的委託極端負責的飯店。

3.在服務心理上，體貼入微

曼谷東方飯店的服務之所以能使住房客人心裡特別舒服，是因為他們尊重客人並不完全是禮節性的，而是真正把客人當朋友對待，因而要求服務人員必須記住客人的姓氏。雖然只在「先生」的前面加了一個姓氏，但給人的感覺卻勝似朋友。在異國他鄉能得到朋友般的禮遇，自然比得到職業性的禮節所給人的感覺舒服得多。在餐廳，服務人員與客人說話時都要「後退兩步」，可見如此注重服務細節已形成了良好的習慣，其服務之周到由此就可窺見一斑了。

案例啟示

在飯店服務過程中，細節絕不是小節。不拘細節的飯店，往往是服務品質一般或較差的飯店；不拘細節的飯店服務人員，肯定是不稱職的飯店服務人員。飯店服務是由無數的細節服務組合而成，只要其中一點不如客人的意，或使客人感覺心裡不舒服，就會對飯店的形象和信譽打折扣。有些客人儘管嘴裡不說，但可能下回就不會是「回頭客」了。因此，服務中的任何細節，哪怕是客人細微的需求，甚至客人心理的細微變化，都應在服務的掌控之中。

飯店確保細節服務的品質，必須有「零缺點」的服務意識。「零缺點」是美國人克勞斯比於1960年代提出來的品質管理概念。隨著物質文明與精神文明的水準不斷提升，消費者的需求標準也越來越高。要使消費者得到滿足，就必須提供「零缺點」服務，而「零缺點」服務的基本內容，無疑包含了細節服務。因此，只有從注重細節服務開始，才能實現「零缺點」服務，才能贏得忠實的客源，才能形成具有競爭力的品牌。

案例思考

1.請運用「細節決定成敗」來說明細節服務在飯店服務中的重要性。

2.為什麼說做好細節服務要有「零缺點」意識？

4-7 希爾頓飯店——微笑服務，笑到最後

案例介紹

希爾頓飯店公司（Hilton Hotel Corporation）是世界公認的一流飯店管理公司，由希爾頓先生正式創立於 1946年，總部設在美國加利福尼亞州洛杉磯的比佛利希爾斯（Beverly Hills）。1949年，為了便於到世界各國經營管理飯店，希爾頓先生又創立了作為希爾頓飯店公司子公司的希爾頓國際飯店公司（Hilton International），幾經周折，希爾頓國際飯店總部設在英國的希爾頓集團公司旗下，擁有除北美洲外全球版圖內希爾頓商標使用權，管理405家飯店，包括263家希爾頓飯店、142家斯堪的克飯店，在全球的78個國家擁有超過7萬名員工，有 10多個不同層次的飯店品牌。中國的上海、北京、重慶、海南等大城市，都有屬於希爾頓集團的飯店。

希爾頓飯店在近一百年的時間裡，把業務擴展到世界五大洲的各大城市，成為全球規模最大的飯店集團之一。希爾頓飯店公司2002年前三季總收入是28.9億美元，其經營方式各式各樣，如自營、租賃、管理合約和連鎖經營等，經營管理收入占希爾頓總現金流的30%。多年來，希爾頓飯店生意如此之好，財富增長如此之快，其成功的祕訣在於牢牢確立自己的服務理念，並將這個理念貫徹到每一位員工的思想和行為之中。飯店始終堅持創造「賓至如歸」的氛圍，注重員工禮儀的培養，並透過服務人員的「微笑服務」體現出來。

希爾頓飯店總公司的前董事長唐納德·希爾頓早期投資5000美元，開辦了他的第一家旅館，數年後資產迅速增值到幾千萬美元。希爾頓曾得意地向母親討教以後該做什麼，母親告訴他：「你現在去把握更有價值的東西，除了對顧客要誠實之外，還要有一種更行之有效的辦法，一要簡單，二要容易做到，三要不花錢，四要行之長久——那就是微笑。」於是希爾頓十分注重員工的文明禮儀教育，倡導微笑服務。他每天至少到一家希爾頓飯店與服務人員接觸，向各級人員（從總經理到服務人員）問得最多的一句話，必定是：「你今天對客人笑了嗎？」他要求員工，不論如何辛苦，都必須對顧客保持微笑。

1930年是美國經濟蕭條最嚴重的一年，全美國的飯店倒閉了80%，希爾頓飯店也一家接著一家地虧損。希爾頓並不灰心，他分別召集所屬各飯店的員工，向他們特別交代：「目前正值飯店虧空、靠借貸度日時期，我決定強度難關，一旦美國經濟恐慌時期過去，我們希爾頓飯店就能雲開見日。因此，我請各位記住，希爾頓的禮儀萬萬不能忘，無論飯店如何困難，希爾頓飯店服務人員臉上的微笑永遠是屬於顧客的。」事實證明，只有希爾頓飯店的服務人員笑到最後，笑得最好。

經濟蕭條期剛過，希爾頓緊接著增添了一批設備。此時，希爾頓到每一家希爾頓飯店召集全體員工開會時都要問：「請你們想一想，如果飯店只有第一流的設備，而沒有第一流的服務人員的微笑，那些旅客會認為我們供應了他們全部最喜歡的東西嗎？如果缺少服務人員的美好微笑，正好比花園裡失去了太陽和春風。假如我是旅客，我寧願住進雖然只有殘舊地毯，卻處處見到微笑的飯店，也不願走進只有一流設備而不見微笑的飯店。」

希爾頓飯店在度過一段艱難時期之後，終於進入了事業發展的快車道。

案例分析

微笑是不用翻譯的世界語言。儘管微笑是面部肌肉運動模式化的反應，但無論哪個國家和地區的人，無論習慣使用哪個民族的語言，大都能理解微笑的含義，即友好、尊重、有誠意。

希爾頓飯店總公司的前董事長唐納德．希爾頓之所以如此重視員工的微笑服務，從案例看，一是與他母親的諄諄教誨密切相關，二是與飯店服務的需要密切相關。

在現代社會，服務是贏得競爭的重要工具，服務態度的好壞，可以直接反映出企業員工的素質和企業的形象。在服務市場競爭激烈，強手林立的情況下，要想使自己占有一席之地，優質服務是至關重要的。而發自內心的微笑，又是其中的關鍵。事實上，微笑服務是飯店服務中一項投入最少、收穫最大的措施。因此，希爾頓總是不斷地要自己的員工露出微笑。

他所倡導的微笑主要有這樣一些意義：

1.自信

微笑是自信的表現。對生活、對事業充滿自信的人，才可能笑容滿面，如沐春風。美國經濟蕭條最嚴重的一年，希爾頓卻鼓勵自己的員工要始終保持微笑。因為他知道，只有保持微笑才有戰勝困難的信心。在最後倒閉得只剩下20%的飯店中，希爾頓飯店的微笑服務仍是最美好的。

2.魅力

微笑服務的魅力是巨大的，它可以使客人產生賓至如歸之感。用微笑服務的人是最可愛的人，是被人信任的人。微笑著誇讚客人，能使對方感受到你的誠意；微笑著解答客人的問題，能使對方感受到你的善意；微笑著道歉，能得到客人的諒解。

3.真誠

微笑往往是真誠好客的表現。微笑服務，是一個人內心真誠的外露，它具有難以估量的社會價值，能使飯店口碑良好，美名遠播。正如美國成功學大師卡內基所說：「微笑，它不花費什麼，但卻創造了許多成果。它豐富了那些接受的人，而又不使給予的人變得貧瘠。它在一剎那間產生，卻給人留下永恆的記憶。」同時，微笑也能產生良好的經濟效益，能使飯店高朋滿座，生意興隆。正因為「希爾頓飯店服務人員臉上的微笑永遠是灑在旅客身上的陽光」，所以，在

「微笑服務」高於一切的經營方針指引下，希爾頓飯店在將近一百年的時間裡，從一家飯店發展成為世界知名品牌，擴展到了目前世界五大洲的各大城市。

案例啟示

從案例中，我們可以得到這樣的啟示：

首先，熱愛生活、熱愛顧客、熱愛自己工作的人，才能保持並永久擁有那種落落大方而又恬靜優雅的微笑服務。微笑服務，應該是健康的性格、樂觀的情緒、良好的修養、堅定的信念等幾種心理基礎素質的自然流露，應該是真誠的微笑，不是討好的媚笑；是發自內心的微笑，不是暗含譏諷的嘲笑；是輕鬆自如的微笑，不是勉為其難的強笑。一個人可以沒有資產，但只要有信心、有微笑，就有成功的希望。

其次，微笑是可以在平常的服務工作中習得的。人確實是世界上唯一會笑的動物，但要在服務中始終對陌生的客人保持親切自然的微笑，要在人生和事業不順，甚至情緒不好的情況下同樣能保持微笑，並不是一件容易的事，而這是可以透過生活的錘鍊和不斷的教化轉變的。希爾頓在經營狀況不佳的情況下，每到一處總是要求自己的員工們每天保持微笑，使得這些員工明白了微笑在服務工作中的重要性，逐漸使員工們養成了微笑的習慣，使他們懂得微笑是一種樂觀主義精神的表現。

那麼，飯店服務人員如何才能為客人提供一流的微笑服務呢？

1.微笑要發自內心

服務工作的微笑往往是具有職業性的，但職業性的微笑並不能是應付的、勉強的，應該發自內心，也就是說，要真正打從心裡對客人有一種尊重和敬意。微笑，是一種愉快心情的反映，也是一種禮貌和涵養的表現。只有把顧客當作自己真誠的朋友，才會自然地向他發出會心的微笑，因強制而被動地笑常常是假笑，甚至比哭還難看。只有發自內心的微笑，才是客人需要的笑，才是最美的笑。

2.要善於消除影響微笑的不良因素

飯店服務人員在生活中、工作中難免遇到不順心的事，這會影響情緒，此時再強求他對顧客滿臉微笑，似乎是太不近情理。但服務工作的特殊性，又決定了服務人員不能把自己的不佳情緒傳染給客人，你再不愉快，客人也沒有理由承受你的不快。所以服務人員必須學會化解和淡化生活、工作中的煩惱與不快，時時刻刻保持輕鬆的情緒，讓歡樂永遠伴隨自己，把歡樂傳遞給客人。善於調整自己心態的服務人員，是最優秀的服務人員。

3.做一個有較高情商的服務人員

情商（EQ）又稱情緒商數，是近年來心理學家們提出的，與智力和智商相對應的概念。它主要是指人在情緒、情感、意志、耐受挫折等方面的品質。

高情商者做一切事情的動力來自於內部，有很強的自覺性、主動性，而且目光長遠，胸懷寬廣，並能反省自己，具有自知之明，能客觀地評價自己。同時，他還善於洞察並理解別人的心態，能控制自己的情緒，設身處地為別人著想，領悟對方的感受，尊重他人的意見。

飯店服務人員如果能有這樣的情商，肯定是一位十分優秀的員工。服務人員的智商不一定要很高，但其情商卻不應太低。在服務工作中，難免會遇到一些出言不遜、刁鑽古怪、胡攪蠻纏的客人，這對服務人員的情商都是一大考驗。情商不高的服務人員就會針尖對麥芒，激起矛盾，引起衝突，甚至使小衝突惡化成大矛盾；而情商高的服務人員，則可以透過微笑服務化干戈為玉帛，化矛盾於和解，甚至最後成為朋友。

同時，要學會與客人保持友好的溝通。微笑，並不僅僅是一種服務表情，更重要的是，還要善於用言行與客人保持情感上的溝通。這就要求服務人員在感情上要把客人當親人、當朋友。因此，在實踐中不斷提高自己的情商，是飯店服務人員開展微笑服務的基本要求。

資料來源

路羨敏・希爾頓飯店的成功之路・中外酒店

案例思考

1.微笑服務在飯店服務文化中有什麼重要作用？

2.在服務工作中如何提高自己的情商？

4-8 世界著名飯店——突顯飯店服務文化特色

案例介紹

美國《機構投資者》雜誌每年都會評出世界40家最佳飯店。這些飯店的「最佳」之處，有一個共同的特點，就是飯店的服務文化各有特色，給消費者留下了深刻的印象。現將其中7家世界著名飯店的服務文化特色列舉如下：

1.香港文華酒店

每一位新到的賓客，都會得到一籃水果或一束鮮花，作為酒店經理對客人表示的敬意。在這家有580間客房的酒店裡，全部電話裝有「免打擾」的自動裝置。每一位中國客人都可以得到一個「中國用具袋」，裡面裝了一些稀有物品。酒店還可以為客人辦好登機的一切手續。

2.東京大倉飯店

該飯店有900間客房，電腦中記錄著各個賓客的一些特殊愛好，諸如房間的式樣和喜歡的食物、飲料與報紙等。飯店有夜間燙衣服務，還有一間辦公服務大廳，為賓客提供翻譯、打字服務。飯店裡還有圖書館，備有商業出版物和錄影帶，並提供幻燈機和電腦放映的會議室，可免費使用。

3.瑞典蘇黎世大道爾德飯店

這家有198間客房的飯店，可以眺望蘇黎世湖。每天供應鮮花，代客保管物品和提供燙衣服務。飯店經理說，這些服務全是理所當然的。他認為，重要的是做好日常工作，確保有良好的床墊，按時叫醒客人，甚至從白脫油的供應方式到

擦皮鞋的鞋油品質等，飯店經理都加以關注。

4.新加坡香格里拉酒店

該酒店有700間客房，每間房間都有鮮花，浴室裡也放有鮮花。酒店有洗衣服務，還備有廂型車按時送賓客到附近的植物園，以便他們早上能在清新的空氣裡散步。

5.巴黎里茲飯店

該飯店有200間標準客房和46間套房。在套房的會客室裡，有接通網際網路的電腦設備。飯店有24小時服務的餐廳，常住賓客可以得到特別的桌布、床單、玻璃器皿和瓷器。每逢年底，飯店都會開設一個特別的商務中心，為所有客人提供電腦網絡、打字、影印等服務和精通外語的祕書人員服務，語言包括英文、日文、中文和阿拉伯文。

6.德國漢堡維爾吉瑞泰飯店

該飯店保存了每位賓客居住的歷史記錄，賓客喜歡哪個房間和有些什麼樣的特別要求，諸如需要什麼樣的枕頭（硬的、軟的或不要羽毛做的）；喜歡用被子還是羊毛毯；是否需要在床上用膳等。飯店在漢堡郊區有自己的農場，專為酒店供應新鮮的肉、蛋、蔬菜和鮮花。為了使賓客在洗熱水澡時不致燙傷，浴室內還備有洗澡水溫錶。

7.香港半島酒店

當客人來到這家有340間客房的酒店時，服務人員會立即送上一杯中國茶。每當客人返回房間時，就會發現哪怕客人只在床上打一個瞌睡，床單也已經換上新的了。

案例分析

突顯飯店服務文化特色，實質上體現的是對服務這種特殊資源的認知和開發程度。從上述世界著名飯店的案例看，飯店的服務文化特色，主要是由一系列服

務項目、服務措施綜合形成的，具體有以下幾種模式：

1.差異化服務，突顯了自己的服務特色

所謂差異化服務，就是利用自己最具優勢和創意的服務來滿足客人的需求。都是服務客人，但具體的方式方法卻各有不同。香港文華酒店提供的是個性化服務，香港半島酒店提供的是熱情周到的服務等。這些服務項目都能在一定程度上滿足不同客人的需求。

2.超值服務，體現了對客人的關懷

什麼是超值服務？美國管理學家奧雷羅．彼得．傑林說：「超值服務就是除了做這個國家和這個企業規定的服務之外，自覺地使這種服務無限延伸，超越顧客的要求。這種超值服務，能使顧客深切感受到企業無微不至的關懷，從而使顧客與企業之間建立起友好、融洽的關係。這是對傳統服務觀念和服務行為的挑戰。」（〔美〕卡羅爾．湯普森著，《世界五百強工作準則：沃森職業信條》，中國檔案出版社，2004年第一版）在超值服務方面，這些著名飯店是下足了工夫的。如新加坡香格里拉酒店每天備車按時送賓客到附近的植物園去散步，呼吸清新空氣。香港文華酒店為賓客辦好登機的一切手續等等，都屬於超值服務。這種服務能使賓客感受到飯店無微不至的關懷，從而建立對飯店的親近感和信任感。

3.心理性服務，使客人心情舒暢

許多服務並不都是需要花多少成本，但它對客人心理上的撫慰作用，卻是金錢無法衡量的。如新加坡香格里拉酒店有700間客房，每間房間都有鮮花，浴室裡也擺放鮮花。香港文華酒店送每一位新到的賓客一籃水果或一束鮮花，表達飯店對客人的歡迎，即您是飯店的貴客，對您的光臨表示歡迎。這無疑能使客人感到心情舒暢。

4.特色服務，使客人難以忘懷

特色服務使客人感到特別方便、體貼。一般來說，特色服務大都是自有的優勢和創意，常常是其他飯店所沒有的。如香港半島酒店對來客都送上一杯中國

茶，小小的禮節使初來乍到的客人感到溫暖。一般來說，飯店很少有自己的專用農場，而德國漢堡維爾吉瑞泰酒店特色就在於此，它的農場專為酒店供應新鮮的肉、蛋、蔬菜和鮮花，讓客人感到放心。在服務模式上，德國漢堡維爾吉瑞泰酒店的特色也是十分突出的，如保存每位賓客居住該店的歷史記錄。對客人的一些特別要求都有明細的記錄。試想客人在得到這樣的特色服務之後，能不印象深刻嗎？

5.部分無償服務，使客人感到「物超所值」

東京大倉酒店的幻燈機和電腦放映會議室，可免費供客人使用，香港文華酒店為賓客贈送稀有物品等等，這些儘管都是些「小恩小惠」，但它卻能使客人感受到飯店對自己的優惠，從而產生「物超所值」的感受。

案例啟示

現在，飯店已經進入了服務競爭時代，這一時代出現的標誌，是消費者的極大成熟，即消費者已經從最早追求能夠維持基本旅行的生活需要，再經過對數量、品質、口味的追求，發展到今天所謂「內心的滿足與充實感」的時代。因此，飯店只有「以客人為中心」，才能滿足已經成熟了的現代旅行消費者的多種需求。

飯店的服務文化特色，體現的都是「賓客至上」、「顧客滿意」的宗旨。而飯店服務文化要形成自己與眾不同的特色，就必須研究客人的消費心理與消費需求，不斷進行服務創新。飯店服務面對的是不斷變化的服務對象，那麼就必須有不斷創新的服務內容。但是，現在有一些飯店的服務方式與服務風格多年沒有變化，沒有特色，原因就是沒有創新。飯店服務只有不斷創新，才能形成有特色的飯店服務文化，才能滿足消費者日益增長和變化的物質需求和心理需求。

資料來源

酒店經理人

案例思考

1.怎樣才能形成飯店的服務文化特色？

2.飯店如何才能滿足消費者日益增長和變化的物質需求和心理需求？

第五章 品質文化是飯店的生命線

品質文化是飯店文化建設的一個子系統。建立科學、合理、和諧的飯店品質文化，是打造飯店服務品牌，增強飯店核心競爭力，使飯店立於不敗之地的戰略任務。

飯店品質文化既是一種管理文化，又是一種經濟文化，也是一種組織文化。大致可分為「傳統型品質文化」和「現代型品質文化」。前者是傳統生產與經營方式的產物，它以「小品質」觀點和「符合性品質」觀點為其基本特徵。而後者是現代生產管理方式的結晶，它以「大品質」觀點和「適用性品質」觀點為其基本特徵。

眾所周知，在21世紀，品質是國際市場中競爭的核心，它對合理利用飯店經濟資源、提高效率、增加飯店經濟效益與社會效益的意義是巨大的，直接關係飯店的興衰。

中國在加入世貿組織之後，飯店市場已全面開放，這種情況，必然導致競爭加劇。飯店的品質成了在市場競爭中取勝的主要指標之一。所以，飯店品質文化對飯店生產經營活動中的品質行為、品質實踐產生著導向、規範、制約作用，是影響、決定品質工作狀況和產品品質的一個關鍵性因素。但飯店品質文化不是「品質」和「文化」兩個孤立概念的簡單疊加，而是一種觀念形態，已成為飯店文化的一個重要部分。

5-1 海南寶華海景大酒店——飯店品質文化的模板：品質管理手冊

案例介紹

1.基本情況

海南寶華海景大酒店由北京天鴻集團投資興建，是中國海南省首家透過ISO 9002國際品質管理體系認證和 ISO 14001國際環境管理體系認證的四星級飯店，位於海口市金融貿易區。酒店建築面積4.6萬平方公尺，綠化覆蓋率達25%；主樓高30層，是海口市標誌性建築。

寶華海景大酒店秉持「傾注關懷、惠人惠己、勇於創新、盡善盡美」的經營理念，其優質、快捷的服務和舒適的環境，使酒店榮獲「海口市首批旅遊名牌飯店」、「海南十佳旅遊飯店」、「海南省旅館業安全店」、「優秀星級飯店」、「海南省服務行業明星企業」、「海南省企業信用等級AAA單位」等海南業界最高榮譽。同時獲得「中國綠色餐飲企業」、「國際認證聯盟（IQNET）管理卓越獎」等多項國內外業界榮譽稱號。

2.寶華海景大酒店的品質管理手冊

（1）品質是什麼

品質是我們任何人都耳熟能詳的，每個人都了解它的含義。但如果你去問300個人，可能有300個答案，因為大家從不同角度來理解，產生不同的判斷。海景大酒店又是怎麼看待品質呢？

品質，如同美麗一樣，出自旁觀者的眼中，在海景大酒店，最重要的旁觀者是顧客。品質是顧客想要得到的，因此，唯有顧客是品質的最終裁判員。所以說，品質是顧客對酒店提供的產品和服務所感知的優劣程度。

從深層次來看，品質是某一事物的本質屬性與這類事物的本質屬性的符合程度。

很多人心中存在著對品質這樣和那樣的誤解。

誤解一：出什麼價格，有什麼品質。

真相一：品質必須超出顧客的期望——物超所值。

誤解二：品質無標準，只是空洞的理想。

真相二：品質一定要有標準，即符合顧客需求的標準。

誤解三：孰能無過，品質也不例外。

真相三：預防勝於整改，任何過失都可能事先避免。

誤解四：花錢越多品質越高。

真相四：從源頭抓起，品質最高，成本最小。

誤解五：品質問題大部分錯在第一線。

真相五：85%的品質問題是管理決策或組織制度造成的。

（2）品質零缺點——我們的目標

我們經常作為顧客去購買產品和服務，當然希望得到完美的產品和服務。但對於許多的產品和服務來說，即使是99.9%的完善程度也不夠好。以美國為例，如果所有的美國人都以99.9%的完善程度來工作，那麼：

一小時內在銀行帳戶中會出現22000張錯誤支票；

一分鐘內有1314通錯誤電話；

一天中會有12位新生嬰兒被抱錯給父母；

一年中有250萬本書印錯封面；

一天中降落在奧海爾機場有兩架飛機不安全；

一小時內有18322封信件被錯誤地處理；

一年中所開的藥方有200000份是不正確的；

第三版《韋氏新國際大詞典》中有315個詞拼寫錯誤。

瞄準國際一流服務水準的「海景」，品質零缺點是我們不斷追求的目標。

（3）品質理念

品質是企業命脈；

沒有品質，就沒有明天；

品質是價值與尊嚴的起點；

提高品質就是降低成本；

品質不是唱高調，而是符合顧客的要求；

品質是企業唯一不能妥協的經營理念；

品質是企業競爭制勝的關鍵。

（4）品質管理政策——四個「有利於」

第一條，有利於提高對顧客的服務品質，增加顧客滿意度，樹立良好的企業形象。

第二條，有利於調動全體人員的積極度。

第三條，有利於提高和完善各部門的工作品質。

第四條，有利於提升全體員工的根本利益。

（5）品質管理職責劃分

全體員工均對自己的工作品質負有不可推卸的責任；各級管理人員不僅要確保自己所負責工作的品質，還要對下屬的工作品質負責；品質管理部專業品質管理人員負責對企業品質管理工作進行管理。

（6）品質管理原則

第一條，注重細節，追求完美；革除馬虎之心，是追求品質的第一要務。

第二條，品質管理具有否決權。品質管理工作在企業日常管理工作中享有至高的裁決權，任何人都不得以任何藉口對品質管理工作進行干預和破壞其嚴肅性。

第三條，全方位全過程原則。品質管理工作是面向全企業所有工作方面的。

品質管理必須從產品的第一環節做起，進行全過程、全方位的管理，方為完整的品質管理。

第四條，總經理直接掛帥原則。品質管理經理直屬總經理的領導，用意在於避免或減少干擾，從而使品質管理工作真正地按照較為科學、有效的方式運作。

第五條，人員高度專業性。品質管理人員必須是企業中最優秀的管理人才，和專業度廣、功底深、學歷高、經驗豐富且經過嚴格訓練的專門人才。

第六條，專業負責與全員負責原則。各級管理人員是企業品質管理體系中理所當然的品質管理人員，對本部品質管理負有責任。所有人員在任何時候都必須承擔起對自己工作的品質責任。品質管理實行專業人員管理與各級管理人員管理相結合、他人監督管理與部門個人自己負責相結合的原則。

第七條，監督與指導相結合。品質管理工作是時刻牢記品質管理的目標，透過對工作的監督、檢查、評估、指導，激勵先進、糾正錯誤、幫助提升，最終使工作品質能有明顯的提升。

第八條，標準規範化。品質管理工作的一個重要前提，是企業經營管理工作各環節的標準化與規範化的建設。

第九條，嚴格公正。品質管理工作的嚴肅性，是其能否成功達成品質管理目標的重要保證。

第十條，獎優罰劣原則。品質管理工作，實行層層對全過程和最後目標負責的原則，並對執行人完成情況和改進情況實行「獎優罰劣」。

……

案例分析

品質管理手冊是寶華海景大酒店品質文化的重要組成部分。主要有如下特點：

1.品質管理手冊是飯店文化的核心部分

從寶華海景大酒店的品質管理手冊來看，其品質文化是飯店領導者結合自身的品質管理經驗，有意識地提出而形成的，具有強大的凝聚力和向心力，能夠調整全體員工的品質行為和品質意識，是飯店文化的核心部分。

2.品質管理手冊來源於實踐

寶華海景大酒店的品質管理手冊作為一種制度，並不是閉門造車的結果，而是來源於飯店的生產經營實踐之中，是一種客觀存在。它在形成過程中結合了飯店自身的品質管理經驗，是飯店品質管理文化的結晶。飯店品質文化存在的根本目的，是指導飯店的品質管理和經營，這種特定的使命使它不同於普通的文化，猶如每個人都有自己獨特的個性、風格與觀念。

3.品質管理手冊體現了品質管理目標和職責、原則的一致性

寶華海景大酒店的品質文化，是一種以品質道德、品質意識為基礎，以激發人的自主性和自覺性為手段，以提高產品品質、服務品質和品質效益為最終目的的文化管理方式。品質管理目標、職責和原則的一致性，表現了以人為本的品質文化理念。

4.品質管理手冊能造成重視精神文化的核心作用

寶華海景大酒店的品質手冊，重視傳統價值觀念、行為規範等精神文化在品質文化中的核心作用。因此，它作為意識形態的一種形式，將會被後繼職員所接受，並傳承下去。

案例啟示

飯店品質管理制度的建立十分重要。但是，飯店的文化特性決定了其個體、時間和區域差異，因而飯店品質的伸縮性和不穩定性是客觀存在的。因此，如果只注重部門責任制、操作流程，而忽略對員工創造優質服務的背景和環境因素的思考，那麼在進行飯店品質管理時，很容易使員工產生這樣的錯覺，即飯店品質管理是管理部門與管理人員的事，自己則是飯店品質管理的對象。這樣就容易形成一系列對立的矛盾和問題。員工要麼被動地注意品質，要麼會消極地應付品

質，要麼為了提高效率而偷工減料，甚至因為情緒不好或心裡有某種不平而故意損害飯店品質。還有的情況是，有管理人員在場進行品質監督時，員工可能會認真一點，不在場時就馬虎一些。要改變這種狀況，就必須制定透過員工努力可以達到的目標，並把品質目標和飯店目標相結合，引導員工把個人的目標和飯店願景相結合，從而培育行之有效的飯店品質文化。

飯店品質文化擴大了品質管理制度的內涵與外延，它能消解飯店管理人員與普通員工之間的矛盾對立，將普通員工從品質管理的對象中解脫出來，成為飯店品質管理的自我監督者與實施者。飯店品質文化是飯店全面品質管理的根本保證，在飯店進行全面品質管理過程中，必須建立具有自身個性的飯店品質文化。ISO 9000品質體系認證是標準化的，是任何飯店都可以模仿和複製的，而有個性的優秀飯店，其品質文化則具有無法複製性。

資料來源

海南寶華海景大酒店網

案例思考

1.海南寶華海景大酒店的品質管理手冊反映了怎樣的品質文化？

2.在執行品質管理手冊時，應該注意哪些問題？

5-2 浙江安吉香溢渡假村——以創建促進飯店品質

案例介紹

1.基本情況

安吉香溢渡假村是香溢旅業——浙江省煙草旅遊行業成員單位，是浙江地區規模最大、設施最完備的四星級旅遊渡假村飯店。香溢渡假村占地300餘畝，融花草樹木、湖光山色為一體，有豪華房120多間（套）和數棟高級別墅群；有

500多個餐位的宴會餐廳；有設施先進的環形影視廳、會議廳、商務廳、會客廳、貴賓廳、迎賓廳和接待廳；還有能享受自然陽光的露天游泳池。

2.以創建促進飯店品質

安吉香溢渡假村積極秉持「賓客至上」的行業宗旨，始終堅持香溢旅業集團「不斷超越」的經營理念，以爭創一流為目標，堅持高起點、高標準、高要求，嚴格管理，科學管理，注重生態環境建設和服務品質提升，逐步與國際先進的管理模式接軌，形成了既符合國際標準，又具有地方特色的安吉香溢模式。

（1）從「硬體」改造入手，夯實品質基礎。香溢渡假村按照星級標準要求，在硬體設施的改造過程中，合理有序地開展硬體的維修保養和調整工作。為了體現四星級飯店的檔次和規格，渡假村按照現代管理模式，先後完成了別墅群的建造、行政樓層改造、商場改造，並對主樓的許多關鍵設施設備全面更新。渡假村還改造了無障礙洗手間，配備了輪椅，為特殊客人提供了方便。渡假村為充分體現出飯店生態特色和竹文化特色，開設了安吉最為豪華的特色包廂。整個包廂以竹文化為主題，以大落地玻璃借景，使室外景色一覽無遺。同時渡假村利用其特有的環境優勢，開發香溢生態公園和香溢湖山活動，相繼推出休閒茶樓、水上高爾夫球練習場、野外帳篷和森林吊床等，豐富了住房賓客的活動內容。調整後的香溢渡假村，硬體配套和服務功能更加完善，整體布局更加科學。

（2）從「軟體」建設入手，強化品質意識。香溢渡假村結合自身特點，制定了一整套切實可行的規章制度，並在營運中加以改進，形成了符合渡假村自身發展需求的服務品質管理體系，編制了《香溢渡假村管理實務》和《員工行為規範》，制定各部門工作標準，使員工行為規範有準則，工作考核有標準，做到了用制度激勵人、規範人。此外，渡假村還建立品質檢查小組，強化品檢小組力量及功能。品檢小組依照《香溢渡假村管理實務》的服務標準和品質要求，制定設備設施維護保養、清潔衛生和服務品質檢查工作，不斷提高整體服務水準。渡假村品檢小組按照服務規範和星級標準，對各部門、各區域進行每週兩次定期和不定期的檢查，針對檢查中發現的各部門對客服務存在的問題，品檢小組督促各部門改進，並對改進情況複查。品檢小組對改進不力和敷衍了事的部門實行連帶扣

罰，以切實督促部門提高完善服務品質和管理水準，提高賓客滿意度。

為了不斷提高管理人員的素質，渡假村多次派遣管理人員赴廈門、上海、海南、杭州等地考察學習，派遣高層管理人員參加省、市總經理培訓班，開闊了管理階層的視野。與此同時，渡假村堅持把全員培訓放在首位，在做好全員培訓教育工作的基礎上，逐漸形成進班培訓、在職培訓、素質培訓、學歷教育等內外相結合的多層次培訓教育制度。透過一系列的培訓學習，提高了管理人員、技術人員、服務人員的業務技能，服務基礎和品質意識得到強化，造就了一支適應環境快、工作上手快、整體素質高的員工隊伍。

（3）從舉辦活動入手，提升服務品質。近年來，香溢渡假村先後舉辦了「百日微笑服務」、「優質服務月」、「讓賓客滿意在香溢」等活動，把優質服務充分展現在消費者面前，從禮儀禮貌、衛生品質、設施保養、環境氛圍等每一個細節，努力體現星級飯店的服務水準。各部門為此大舉發動、積極參與、層層落實，營造出優質服務的良好環境。飯店成立了以保全為主體的義務消防隊，24小時巡邏，發現隱患及時排除。為了提高對突發事件的處理能力，飯店對員工進行防火、防盜等相關主題的演習培訓，全面提高安全意識；對室外項目增加防護設施，樹立警示牌來強化和保障賓客安全。與此同時，飯店還加強了對食品衛生的檢查力度，發現不合格的限期改進，堅決杜絕食物中毒事件的發生；工程部定期對空調排風口進行清理，以確保公共區域的空氣品質。

（4）從創建綠色飯店入手，確保環保品質。香溢渡假村以「創建綠色飯店、建立生態家園」為環保宗旨和經營思想，掌握好「安全、健康、環保」工作，打造綠色生態品牌。透過全體員工在工作中不斷深化綠色經營理念和管理，完善綠色服務措施。如嚴格把關物品採購和供應，以低耗、無害、無汙染和無有害化學品為基本要求，推行綠色採購；積極實施節能降耗工作，控制拋棄式消耗物品。香溢渡假村提倡使用再生物品，始終圍繞增收節支的目標，實行能源管理、設施設備管理及維修保養工作，不但提高了渡假村服務品質和效益，也體現了渡假村的社會責任感。2003年1月，香溢渡假村榮獲中國餐飲綠色消費工程組委會頒布的「全國綠色餐飲企業」稱號。

案例分析

飯店品質是飯店經營管理活動所能達到的規定效果，和滿足客人需求的特性的綜合，主要由飯店環境品質、飯店設施設備品質、飯店商品品質和服務水準構成，可分為有形的「硬體」品質和無形的「軟體」品質。

香溢渡假村在創建四星級飯店和「綠色飯店」過程中，「軟」、「硬」兼施，成效明顯。

大家知道，有形的「硬體」包括飯店的設備設施品質和實物產品品質。在這方面，香溢渡假村嚴格按照四星級飯店的檔次和規格，先後完成了別墅群的建造、行政樓層改造、商場改造，並對主樓的許多關鍵設施設備全面更新，安裝了無障礙設施。

在無形的「軟體」品質上，香溢渡假村主要掌握了兩個方面的工作：

一是努力提高勞務品質。勞務品質是飯店向客人提供服務時所表現的行為方式，包括服務技巧、服務方式、服務態度、服務效率、職業道德、團隊精神和儀表禮節等，是飯店服務品質標準和程序的內在體現，是具有獨特價值的商品。香溢渡假村結合自身特點，制定了一整套切實可行的規章制度，並在營運中加以改進，形成了符合渡假村自身發展的服務品質管理體系。同時，透過一系列的培訓學習，提高管理人員、技術人員、服務人員的業務技能，使服務基礎和品質意識得到強化，造就了一支適應環境快、工作上手快、整體素質高的員工隊伍。

二是努力確保環境品質。自然環境包括酒店內外部自然風景、綠化裝飾的藝術性。香溢渡假村依山傍水，其飯店品質自然也就包含著優良的地理環境品質和內部空間環境品質。如在一些附屬服務設施的建設、裝飾與功能設計上，都突顯了竹文化主題，營造自然優雅的環境，從而使顧客感受到大自然的魅力。

案例啟示

眾所周知，飯店品質不僅包括飯店硬體設施品質和軟體勞務品質，還與客人

的期望和經驗直接相關，並最終由客人的滿意度來體現。這種綜合性特點要求飯店管理者必須樹立系統觀念，多方蒐集品質訊息，分析影響品質的各種因素，把品質管理當作一項系統工程來掌控。

香溢渡假村的案例告訴我們，在飯店品質方面，必須防止出現以下有失偏頗的情況：

1.重經營品質，輕管理品質

有些飯店管理人員一說起飯店品質，就認為是經營部門的事，認為飯店經營的一線部門是與消費者打交道最直接、最頻繁的部門，也是最容易出現品質問題的部門，因而對其品質工作是年年講、月月講、天天講，不可謂不重視，不可謂抓得不緊，但對管理部門的工作品質卻不夠重視，以致一出現品質問題，就打經營部門的「板子」，很少從管理方面找原因。其實，如果追根尋源，許多飯店品質問題的出現，是管理不到位造成的。如人力資源的利用與組合是否合理、服務標準與經營流程的制定是否符合實際、財務管理是否有漏洞等等，都是影響飯店品質的間接甚至直接因素。

2.重標準化，輕應變性

飯店品質標準及其操作方法，是按各部門的具體要求而制定，目的是加強品質控制，規範服務行為。但在實際工作中，管理者往往將是否符合服務標準作為評判品質優劣的唯一標準，而沒有深刻認識飯店服務過程中出現新情況和新問題的可能性。作為客人難免有自己的主觀感受和個性需求，有時他們對飯店標準化程序中的某些環節並不需要，有時他們會提出標準化之外的個性需求，如果飯店服務人員不管三七二十一，一味地照「章」辦事，而不根據客人的需求和感受隨機應變，那麼這種忽視客人現實需要和主觀感受的做法，即使再標準，也可能會在客人心中留下一絲不快或難以抹去的陰影。

3.對軟硬體品質認識有偏差

有些飯店對品質的概念認識片面，以致在品質管理上缺乏全方位的系統控制。如有些飯店重軟體品質，輕硬體品質，將員工的服務素質與水準視作飯店品

質的唯一因素。實際上，員工的服務水準是服務品質的軟體部分，飯店設施設備、實物產品、環境品質等硬體，都是構成飯店品質的重要內容。有些飯店對服務人員管理嚴，要求高，一出現服務品質問題就批評、處罰，而對一些設備設施和物品的品質卻要求不高，非要到直接影響服務品質，甚至客人投訴時才維修或更換。這是一種亡羊補牢的做法，在一些中低檔飯店中表現尤為明顯。此外，也有些飯店存在重硬體、輕軟體的情況，如在設備設施上捨得投入，但在提高員工素質和服務水準的培訓上投入精力不夠，以致常常發生因服務人員行為不文明、服務不規範而影響飯店品質的問題。其實，在服務過程中，任何方面、任何環節出現問題，都會影響飯店的整體品質，忽視飯店品質的任何因素，都不可能持久穩定地向客人提供高品質的飯店產品。

資料來源

劉明新．商無誠不興．中國旅遊報

案例思考

1.飯店品質應該包括哪些內容？

2.在掌握服務品質上，如何才能避免硬體和軟體不均衡的情況？

5-3 山東天發舜和商務酒店——積極提升飯店功能服務品質

案例介紹

1.基本情況

天發舜和商務酒店是山東舜和連鎖酒店管理公司的第七家四星級酒店。酒店主樓地上21層，裝修風格融會現代時尚，高檔典雅。酒店設有總統套房、豪華套房、商務套房、標準房，共205間（套），客房均配有電腦，可24小時免費上

網。酒店突出接待服務功能，設有2個功能齊全的會議廳、大廳、咖啡廳、商務中心、書店、票務服務、高檔商場和娛樂中心等，設施齊全。餐飲設有28個高檔豪華宴會廳和餐廳，可同時接待600人用餐。

天發舜和商務酒店的前身是山東天發大廈，是一家傳統的三星級酒店，建築面積15700餘平方公尺，地上19層，地下1層，共有客房125間，餐飲包廂12間，餐廳2間，可同時容納200人用餐，會議室3間，多功能廳1間。

2.積極提升功能服務品質

由於多種原因，過去的天發大廈市場定位模糊，硬體老化陳舊，功能服務單一，酒店年營業額不足1000萬元，不適應市場競爭的需要，經營陷於困境。濟南天發房地產總公司領導審時度勢，與山東舜和連鎖酒店管理公司合作，重新裝修，共同提升酒店的功能與服務品質。舜和酒店管理公司隸屬於中國舜和福思特酒店產業集團，擁有6家產權酒店，還向全國各地輸出酒店管理，是全國有影響力的酒店管理品牌。

山東舜和連鎖酒店管理公司在進行充分的市場調查後，編制了詳細的商業策劃書，定位為四星級商務酒店，使飯店的服務功能品質得到了大幅度提升：

（1）開設大容量的寬頻上網。重新裝修後，山東舜和商務酒店淘汰了傳統星級酒店客房只設置網線插口的做法，改為客房全部實配電腦，網線採用光纖六類線，桌上型電腦網速高達100M，客人在房間免費上網，可以高效率地傳送大容量文件。

（2）設置無線上網系統。有些商務客人將客戶邀請到酒店大廳或休息區，一邊品著咖啡或茶，一邊談生意，往往需要在自帶的筆記型電腦上查閱相關資料，撰寫或修改合約，這種情況需要透過網路與總公司大量地收發郵件聯絡，需要具備高速上網條件。因此，該酒店在大廳的咖啡廳等公共區域設置無線上網系統，客人只需在櫃檯領取一張無線網卡，插入自帶筆記型電腦，即可無線上網。

（3）提供便捷的通訊服務。客人出差在外，通訊聯繫必不可少，但一般害怕客房內的電話費用酒店加價過多，往往很少使用，而客人使用手機通訊費用昂

貴。為減少客人通訊費，該酒店與國內通訊業者合作，開發了酒店商務客人專用業務，為每位需要的客人配備一部小靈通（按：個人無線接入系統。），客人可透過手機的中文祕書台將小靈通號碼告知通話的對方，客人帶著酒店配備的小靈通，在酒店內外撥打或接聽電話，可以大大減少商務客人的通訊費用。

（4）配備數位電視。商務客人因工作繁忙或時間衝突，容易錯過一些電視上已播出的時政要聞、商業訊息。為減緩壓力，商務客人也需要觀看一些進口大片等節目。為滿足商務客人此類需求，該酒店配備了數位電視，客人可在繁忙的工作之餘，搜尋錯過的電視節目繼續觀看，也可以欣賞網路上的進口大片。

（5）設置櫃檯客房房態電源控制系統。在功能一般的飯店，客人進入房間插卡後，才能啟動空調、光源開關，十分不便。該酒店設置了櫃檯客房房態電源控制系統，客人在櫃檯登記入住房卡的同時，其入住房間內的電燈、空調開關會自動打開，在客人進入房間時，溫度、廊燈已經開啟。這套系統還有利於大量節約電能，客人退房辦手續的同時，房間自動切斷電源。

（6）優化客人的睡眠環境。一是採取新技術和新材料，加強客房的隔音效果；二是為增加客房的空氣流入量，精確計算每個空間的人流密度及居留時間，重新設計送風口位置，使客人能在睡眠時呼吸新鮮空氣；三是提供報紙雜誌，可供客人在睡眠前閱讀；四是提供安眠保健藥品。

案例分析

山東天發舜和商務酒店在積極提升功能服務品質方面十分用心，並在硬體上捨得投入，增加和創新了商務飯店的服務功能，使飯店的整體功能品質躍上了一個新的台階。

天發舜和商務酒店在接手後的裝修改造，並不是一般的簡單翻新，而是在市場定位、功能設計與布局上做好「一切為了客人」的文章，使酒店的服務功能更全面、更科學。其服務的功能品質主要體現在以下三個方面：

1.為商務客人在酒店辦公提供了便利

無論是在房間裡，還是在飯店內的休息區，都能網上辦公，而且可以快速處理大容量文件。

2.提高商務客人的辦公效率

在訊息化時代，時間就是金錢，效率就是生命。為客人提供快捷的商務服務，為客人節省了時間和精力，也就是為客人贏得了效益。

3.一切為客人著想

所有功能設置都是為了客人，因而其功能設置都具有人性化特點，如房態電源控制系統，能使客人感到舒適；為住房客人配備小靈通，替客人節省了通訊費；數位電視，方便客人獲得資訊；增加房間的送風量，使用新材料隔音等，確保客人不受干擾的個人休息空間。

案例啟示

飯店服務功能創新，是飯店品質與檔次的基本保證。一般來說，飯店的檔次在很大程度上取決於其功能服務是否完善，而功能服務與硬體設施是否合理、是否先進有密切關係。一家飯店，如果在設施設備選購、安裝上存在著不足，那麼其功能服務就會大打折扣。如果飯店有良好的、功能齊全、先進的設備，一方面，能避免飯店因設施設備問題對住房客人造成的各種傷害所引起的糾紛和投訴（如空調效果不好、熱水太熱或不熱、水箱漏水、客房隔音不佳等等），另一方面，能提高整個飯店的檔次，使服務品質能夠得到保障。

現在，各地旅遊管理部門幾乎每年都要發布公告，取消一些飯店的星級，其重要原因之一，就是有些飯店設施陳舊、設備老化，以及功能服務的品質不佳。因此，飯店的功能服務品質，扮演著舉足輕重的角色。隨著市場競爭日趨激烈，能否提供優質的功能服務，已成為吸引客人的首要因素。

資料來源

王學志·中國首家數位商務酒店即將誕生·中國旅遊報

案例思考

1.你認為應該從哪幾個方面優化飯店的服務功能？

2.為什麼說飯店能否提供優質的功能服務已成為吸引客人的首要因素？

5-4 上海瑞吉紅塔大酒店——智慧化設備體現高品質

案例介紹

1.基本情況

瑞吉紅塔大酒店坐落於中國上海新興的商業地區——浦東新區。酒店擁有皇家套房、豪華套房、標準客房300多間，宴會廳、多功能廳、銀行、停車場及餐飲娛樂設施齊備。酒店功能和設施的配置非常先進、可靠，其國際聯網的電腦網路系統、衛星接收系統、監控系統、空調系統、磁卡電子門鎖系統、綜合安保系統、消防報警系統、背景音響和緊急廣播系統、無線覆蓋系統、微小區域移動通訊系統、電子會議系統、AV系統、無線網路系統，能充分滿足商旅客人的各種需求。智慧化的飯店設備與設施，使瑞吉紅塔大酒店榮膺2002年上海「智慧建築」稱號。

幾年來，瑞吉紅塔大酒店以智慧化的功能與個性化的管家服務，贏得中外人士的青睞。回頭客超過40%，其中90%以上為商務人士，40%至45%來自大中華地區，20%至25%來自美國，來自日本和歐洲的分別為10%和 15%，還有10%的客人來自澳大利亞、中東等地。

2.智慧設備系統

瑞吉紅塔大酒店的智慧化設備系統具有世界先進水準，實現了自動化控制。主要有：

（1）通訊網路設施。酒店內部安裝了PABX自動交換機系統，酒店員工配備

了DECT數位無線電話以取代傳統的呼叫器。這種無線電話在酒店內部沒有盲區，因此，在任何時候都可以隨時聯繫到員工。這種電話系統增強了內部通訊功能，並使得員工對客人各種需求的反應更加及時。所有客房均配備2條電話線，高速寬頻網際網路的數據接口。在多功能會議區域（1至3樓），客人可使用無線網際網路系統。酒店的專職管家訓練有素，能夠為客人解決各種電腦問題。

（2）建築設備監控系統。酒店的智慧管理系統可以幫助整棟建築在機械、電力及設備等方面實現遙控。工程部可以透過監控中心管理操縱酒店的所有工作平台，該系統能更加及時有效地對任何突發情況做出反應，節省了大量人力物力。比如：無論外部氣溫與光線如何變化，中心監控人員都可以透過電腦按鈕完全控制酒店內部溫度和燈光的調節。這樣可以節省能源，也可以對客人的需求做出快速反應。酒店內設有變頻自動調節給風量箱（VAVBOX），可以根據房內的溫度以及設定溫度值的差值，算出需求風量，根據需求風量和實測風量的差值調節風閥大小，使室內送風量達到適值。

（3）消防報警及聯動系統。整間酒店擁有全自動的消防報警及安全系統。該系統不僅實現完全自動化，並且反應及時準確，設定操作方便，這對緊急情況的處理至關重要。該套系統可以縮短報警時間，並在幾秒鐘內迅速通知各相關單位，確保酒店內設施和客人的安全。

（4）綜合安保系統。酒店的安保系統使用最先進的科學技術。監視系統可以有效監控並記錄大樓內部人員和設備活動狀況，並在有需要時幫助追蹤數據。

（5）物業管理系統。該系統確保辦公自動化，從接受預訂到入住登記到餐廳及電話系統。所有這些自動化功能均透過系統控制，房費及帳務都可以透過簡單操作核實，大大節省了預訂和客人退房結帳的時間。

瑞吉紅塔大酒店的各種智慧控制系統，透過友善的人機界面，實現了圖形化的直觀顯示、節能高效的控制管理和必要的訊息共享。

案例分析

瑞吉紅塔大酒店的智慧化設備，提升了飯店管理與服務的品質，建立了以硬體為主體的品質控制體系，在節能降耗的同時，還能極大地滿足住房客人的多種需求。

1.能為客人提供方便快捷的服務

如通訊網路設施，一方面能使客人方便地使用無線電話和互聯網，另一方面能保持服務人員之間的聯絡，使服務人員能及時為客人提供服務。物業管理系統能為客人預訂和退房結帳節省時間。

2.能使客人體感舒適

如建築設備監控系統，燈光和溫度都能有效並及時地對客人的需求快速反應，使客人隨時保持體感舒適。

3.能滿足客人對健康環保的需求

飯店大多是封閉的，空氣品質往往是客人比較關心的問題。瑞吉紅塔大酒店的設備智慧化系統，可以進行各種設備的運行參數的監測和遠程控制，使客人始終都能呼吸到新鮮空氣。

案例啟示

進入21世紀知識經濟時代，訊息技術的發展與進步對人們的生活產生了革命性影響，對現代飯店則提出了更高的要求，可以說飯店是反映當代先進科學技術的「科技博物館」。隨著新材料、新設備、新技術的大量採用，飯店業正朝向智慧化發展，飯店硬體的科技含量也會越來越高。因此，飯店必須以高技術的設備設施為賓客創造優良、舒適的環境，提供優質服務。因為飯店設備系統的智慧化，體現的不僅是飯店的規模和檔次，同時也是飯店品質文化特色的反映，它不僅為飯店帶來了效率化、數字化管理，更為客人帶來了豐富多樣的便捷和「物超所值」的服務。可以說，沒有一流的科技智慧化，就沒有一流的飯店服務。

當今飯店業正處在一個科技化發展時代，飯店設備系統的智慧化、人性化、節能化，是飯店品質數位化的發展方向。可以斷言，不用太長的時間，中國飯店

業的競爭，將會從市場價格競爭為主，轉向以設備品質體系的競爭為主。

資料來源

上海瑞吉紅塔大酒店·智慧化設備體現高品質·中外酒店

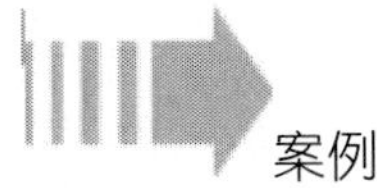

案例思考

為什麼飯店設備的智慧化能提升飯店管理與服務的品質？

5-5 里茲一卡爾頓飯店——全面品質管理的典範

案例介紹

1.基本情況

里茲一卡爾頓大飯店是世界服務業中唯一兩次榮獲波多里奇國家品質獎的飯店。其管理公司的業務主要是在全世界開發與經營豪華飯店。目前，在全球有36家里茲一卡爾頓飯店，主要分布於北美、歐洲、亞洲、大洋洲、中東、非洲、加勒比海地區。在一次獨立調查中，有99%的顧客表示，對在里茲一卡爾頓飯店的經歷感到滿意，80%的顧客表示「非常滿意」。1998年，在麥吉爾大學和美國康乃爾大學的飯店管理學院進行評比中，里茲一卡爾頓從3528間候選飯店中脫穎而出，被評選為「全面優質服務冠軍」。

里茲一卡爾頓公司的創始人凱撒·里茲被稱為世界豪華飯店之父。他於1898年6月與具有「廚師之王，王之廚師」美譽的奧古斯特一起創立了巴黎里茲飯店，開創了豪華飯店經營之先河。其豪華的設施、精緻而正宗的法國餐，以及優雅的上流社會服務方式，將整個歐洲帶入一個新的飯店發展時期。里茲隨後於1902年在法國創立了里茲一卡爾頓發展公司，由該公司負責里茲飯店連鎖經營權的銷售業務，後被美國人購買，成為萬豪國際集團（Marriott International Inc.，MAR）下屬的一個獨立機構。目前，里茲一卡爾頓飯店公司總部設在美國

喬治亞州首府亞特蘭大。

與其他的國際性飯店管理公司相比，里茲—卡爾頓飯店管理公司雖然規模不大，但是它管理的飯店卻以完美的服務、奢華的設施、精美的餐飲與高昂的價格，成了飯店中的精品。在飯店產業，里茲—卡爾頓主要與10家飯店集團在「華貴」、「質優價高」方面有競爭力。1998年，里茲—卡爾頓飯店管理公司總營業額達到15億美元，其中40%來自提供會議和重要活動的服務工作。獨立的商業活動及渡假旅客，是其最大的消費群。

2.品質文化的價值理念

里茲—卡爾頓飯店的企業哲學和價值觀，具體表現為四個方面的「黃金標準」：

（1）信條：使賓客得到真實的關懷和舒適，是里茲—卡爾頓飯店全體員工的最高使命。

（2）格言：我們是為女士和先生提供服務的女士和先生。

（3）服務程序三部曲：

一是熱情和真誠地問候賓客，如果可能，問候時要稱呼賓客的名字。

二是對客人的需求做出預期和積極滿足賓客的需要。

三是親切地送別，熱情地說再見，如果可能，向賓客道別時要稱呼賓客的名字。

（4）基本準則：具有里茲特色的服務戰略——注重經歷，創造價值。

3.品質文化建設情況

100%滿足顧客是里茲—卡爾頓對品質的承諾。為此，主要掌握了四個關鍵：一是對品質承擔責任；二是強烈地關心顧客；三是堅持不斷地改進；四是精確地考量品質情況。

里茲—卡爾頓把滿足客戶的需求置於首要位置，把獲得最高的顧客滿意度和最高級別的評價作為戰略目標的重要組成成分。里茲—卡爾頓的戰略是：贏得顧

客100%的忠誠度，盡可能爭取回頭客。在具體實踐中，公司設定了讓顧客感受「零缺點」的目標。公司逐步完善了一套測試系統，透過測試系統可以記錄下飯店解決顧客各類問題的進程。無論顧客的問題多麼瑣碎，都會得到解決，而且都會有專門的記錄。

里茲—卡爾頓對品質精益求精，細緻入微。品質中的問題和解決步驟，都是透過文件來記錄，數據收集和分析方法都由專門聘請的專家來研究。所有品質改進過程都有標準。重要的改進過程會被分割開，以便詳細地鑑別可能發生錯誤和遺漏的部分。如，為了解決服務中可能出現的問題，里茲—卡爾頓設置了服務人員在與住宿客人在交流過程中，可能會出現的970種情況，在與會議計畫人員交流過程中，則可能會出現的1071種情況，針對這些情況，都預備了相應的對策和解決辦法。

在里茲—卡爾頓，無論是總經理還是普通員工，都要求積極參與服務品質的改進，把服務品質放在飯店經營的第一位。為了使品質理念更全面、更深入地進入公司各層面，管理層對全面品質管理體系進行了提煉，編成一本名為《綠書》（Greenbook）的品質手冊，現在該手冊已發行第二版。《綠書》是記錄里茲—卡爾頓品質進步和品質工具的手冊，每位員工人手一冊。

高層管理人員組成了公司的指導委員會和高級品質管理小組，每週開一次會，審核產品和服務的品質措施、賓客滿意情況、市場增長率和發展、組織指示、利潤和競爭情況，將其四分之一的時間用於與品質管理有關事務，並制定兩項策略來確保其市場上的品質領先地位。公司的第一項品質策略，就是「新成員飯店品質保證項目」，高層管理者確保每一個新成員飯店的產品和服務都必須滿足顧客的期望。這一項目始於一個叫「7天倒數計時」的活動。在活動中，高層經理親自教授新進員工，所有的新進員工都必須參加這項活動，公司總裁向員工們解釋公司的宗旨與原則，強調100%滿足顧客的需求。

為了培養顧客對飯店的感情，里茲—卡爾頓專門為顧客量身訂做了一種名為「顧客專人專用」的服務內容，它是依靠先進的訊息科技來獲得顧客的數據訊息，譬如過夜旅客曾經提出的各種要求。客戶資料在全球的里茲—卡爾頓飯店都

能共享。客戶數據可以讓飯店的管理人員預知那些老顧客的需要，可以提前做好針對性準備來確保為老顧客提供高品質的服務。

案例分析

飯店的管理與服務品質是無形的，但其發展與建設是有形的。在里茲—卡爾頓飯店，這種無形逐步外化為有形，具體體現在以下幾個方面：

1.具有獨特的品質價值觀

品質價值觀是飯店品質文化的核心內容，它屬於飯店品質文化結構層次中的深層範疇，是發揮決定作用的要素。里茲—卡爾頓飯店品質價值觀十分清晰明確，而且濃縮成四條黃金準則，有信條（如「使賓客得到真實的關懷和舒適，是里茲—卡爾頓飯店全體員工的最高使命」），有格言（如「我們是為女士和先生提供服務的女士和先生」），有服務程序（如「三部曲」），有基本準則（如「注重經歷，創造價值」），並把這些品質價值觀灌輸到每位員工心中，引導員工將個人的品質意識和品質目標融入集體的品質目標和品質觀念中，對飯店的全體員工產生了強大的感召力。

2.體現了以人為本的品質經營哲學

品質經營哲學是指飯店作為獨立的經濟實體和競爭實體，在其從事生產經營過程中所持有的世界觀和經營理念。里茲—卡爾頓飯店把滿足客戶的需求置於首要位置，把獲得最高的顧客滿意度和最高級別的評價作為戰略目標的重要組成成分，是其以人為本的品質經營哲學的具體體現。

3.形成了和諧的飯店品質倫理

「我們是為女士和先生提供服務的女士和先生」，是里茲—卡爾頓飯店的格言，明顯地體現了他們的飯店品質倫理觀。這一座右銘表達了兩種倫理關係：一是員工與顧客是平等的，不是主人和僕人，或上帝與凡人的關係，而是主人與客人的關係；二是飯店提供的是人對人的服務，不是機器對人的服務，強調了服務的個性化與人情味。品質倫理是規範飯店及其員工的道德精神準則。與品質制度

不同，它不是硬性的品質管理方式，是透過長期培養和倡導而形成的。品質倫理強調的是飯店社會責任和環境責任，也是社會進步的明顯標誌。

4.表現了細微的品質心理

飯店品質心理是指在飯店商品形成的全過程中，個體、群體以及社會文化的心理現象及其規律。里茲—卡爾頓飯店在服務三部曲中明確規定，如「熱情和真誠地問候賓客」、儘量「使用賓客的名字問候」、「對客人的需求做出預期和積極滿足賓客的需要」和「親切地送別」等，都是從品質心理出發來滿足客人的心理需求。

5.建立了完善的品質制度

品質制度是飯店所有員工必須遵守的準則，也是飯店品質文化的外在體現和執行手段，是飯店實現具體品質目標的必要保證。里茲—卡爾頓飯店將品質管理制度和程序全部編入被稱為《綠書》的手冊，員工人手一冊，遵照執行。同時，每週一次的例會制度，訊息收集的數據分析方法與品質改進標準等，都是品質制度化的具體措施。

案例啟示

從里茲—卡爾頓飯店的案例來看，飯店品質文化建設十分重要，它是飯店的性質與功能和消費者的需求所決定的。因此，我們必須從以下三個方面加深對飯店品質文化的認識：

1.飯店品質文化是飯店生存之本

飯店的主要功能是滿足客人的需求，並提供舒適、方便、整潔、安全的服務。品質的優劣關係到飯店的聲譽和形象，關係到酒店的經濟效益與社會效益。

飯店品質與飯店價值是相輔相成的，因而品質在程度上可以分為「物有所值」和「物超所值」。「物有所值」是最基本的品質，它與飯店的檔次與價格是相符的，是飯店契約必須提供和保證的，這是飯店消費者的權利，如果在這個基本品質上打了折扣，就會損害飯店消費者的利益，最終失去消費者，甚至失去消

費市場，使飯店無法生存下去。在市場經濟條件下，品質化生存已成為飯店必須面對的現實。

所以，要想成為經營成功、管理優秀的飯店，僅僅提供「物有所值」是遠遠不夠的，要想讓飯店消費者感到滿意，感到比預想或期望的需求更好，就必須錦上添花，為他們提供「物超所值」的服務。「物超所值」是高標準，這是根據飯店的品質文化觀和品質價值觀來確定的，它對於飯店贏得良好的聲譽，創造品牌形象至關重要。多年來，里茲一卡爾頓飯店以品質文化著稱於世，其品牌已成了「品質優良」、「豪華」飯店的代名詞。現在，里茲先生親手設計的徽章走向了世界，由象徵著財源的獅子頭與英國皇家標記的皇冠組合而成的圖案，代表著里茲一卡爾頓的成功。

2.飯店品質文化是飯店競爭之本

中國飯店業市場競爭激烈是無法迴避的現實，因為競爭是市場經濟的主要特徵，誰能夠提供全面的最佳服務，誰就能在飯店業市場上分得一杯羹，甚至取得優勢地位。雖然飯店競爭涉及規模、營銷、價格、產品等多方面，但其內容都離不開品質的競爭。

大凡具有競爭優勢的飯店，都最注重品質文化。飯店無論規模大小、檔次高低，都要有自己的品質文化，有全新的、穩定的品質文化觀，才能確保把本層次飯店的品質做好做精，才能贏得本飯店需求層次的消費市場。因為現在的飯店消費者日趨成熟和理智，自我保護意識也很強，他們有自己獨立的飯店選擇權和品質要求。儘管中國的飯店市場，尤其是中檔飯店市場尚待成熟，價格可能會占重要因素。但隨著物質生活水準不斷提高，那種住飯店只要方便，有吃有住就行的消費者會相對減少，對飯店品質要求越來越高的消費者會越來越多。舒適性、安全性、精神性的需求自然會成為飯店品質的試金石。因此，從這個意義上說，品質文化是飯店的競爭之本、發展之本，如果忽略它，任何飯店都無法在競爭激烈的市場中經營下去。

3.飯店品質文化是管理之本

飯店品質文化涉及飯店管理的各方面，如業務控制、設備管理、物資供應、

人力資源、財務管理等等，任何一個方面出問題，都會直接或間接影響整間飯店的品質。因此，飯店品質文化涉及面是廣泛而系統的。

不少飯店都有品質管理，但不一定建立了自己的品質文化。飯店品質文化是對品質管理的超越，是飯店管理方向的轉變。飯店品質管理常常只管理飯店品質形成的過程與結果；而飯店品質文化，管理的則是飯店品質觀念與因素，立足點與著眼點有質的飛躍。

建設飯店品質文化可以在最大限度上消除影響飯店品質的潛在因素。只有把建立飯店品質文化作為飯店管理的中心工作來做，使其與飯店各方面的管理聯繫起來，協調一致，才能真正使飯店管理上水準、上檔次。

資料來源

王為人，曲揚．品質卓越的里茲—卡爾頓大飯店．中國質量報

案例思考

1.什麼是飯店品質文化？

2.飯店品質文化對於飯店的生存、發展有什麼意義？

3.從里茲—卡爾頓飯店的案例中，我們可以學到哪些值得借鑑的經驗？

第六章 飯店營銷文化創新

飯店營銷文化是以營銷活動為載體，反映飯店物質及精神追求的各種文化要素的總和。它是繼承與創新，傳統與現代相結合的客體文化。飯店營銷文化的構成要素是一個複雜的體系，它在一定程度上取決於飯店本身的主觀條件。飯店的

產品功能、服務理念、人員素質、物質環境等，都是構成飯店營銷文化的基本要素。

現代飯店文化的重要特徵之一，就是營銷文化，它使消費者感受到營銷方式中的文化氣息，即透過一定的技能、特點和方式來招徠顧客，與此同時又營造了一種文化氛圍，使顧客能在消費的同時感受到文化氣息。

飯店作為服務型企業，要在日益激烈的市場競爭中立於不敗之地，就必須不斷創新營銷文化。客源市場需求的變化、競爭對手的壓力、飯店產品的文化特點等，構成了飯店營銷文化創新的核心內容。

飯店營銷文化創新，除了要在建築物設計、內部裝飾、服務項目及功能上，注重其外觀和造型上的文化氣息，還要注重自然美與社會美的結合，做到「適銷對路」，即適合消費者實際需求、品質需求、價格需求以及心理上、精神上的需求等等。因此，飯店營銷文化創新，就是要積極主動地適應和引導消費者的價值觀念、審美趣味、文化傾向，並隨著市場競爭的變化而不斷更新。

本章以國內飯店的案例為主，著重於營銷文化方式創新的案例分析。在不同飯店的營銷文化創新中，也許我們能得到更多的啟迪。

6-1 廣州東方賓館——調整市場定位

案例介紹

1.基本情況

東方賓館是廣州歷史最悠久的五星級酒店，開幕於1961年。東方賓館坐落在中國廣州市繁華的中心區，東鄰越秀山、西依流花湖，與中國出口商品交易會、錦漢展覽中心隔路相望，交通條件得天獨厚。賓館有可容納2000餘人會議和宴會的亞洲最大酒店內會展大廳；有客房800餘套；還配備遠程會議和同步翻譯系統的多功能會議室。另有環境幽雅的中餐廳、法式西餐廳、自助餐廳和500

餘車位的地下停車場；健身娛樂專業設施有陽光花園泳池、SPA、壁球室等。

四十多年來，東方賓館接待過海內外無數政要名人，周恩來、鄧小平、柴契爾夫人、李光耀、郭沫若、劉海粟等曾在此下榻，也舉辦過眾多藝術、商務盛會。

2005年10月，東方賓館獲美國優質服務科學學會頒發的全球服務領域最高獎項「國際五星鑽石獎」，這一獎項為東方賓館的國際化戰略注入了新的活力。

2.及時轉型，調整定位

2001年，東方賓館制定了「精心打造以會展商務為中心，具有東方文化特色的現代五星級酒店」的戰略目標，率先由旅遊飯店向會展商務飯店轉型，並圍繞「國際五星級商務會展飯店」進行市場定位，並斥資數億元對飯店主營業務硬體做全方位改造。現在，東方賓館已經確立了會展商務市場領先地位，經過改革、改造，逐漸被國內外著名公司所認可，成為IBM、微軟、飛利浦、愛立信、戴爾、奇異等世界500強公司指定的接待飯店。從2005年年報的數據來看，賓館大力開拓中高端客戶，主營業務收入得到明顯的提高，增長15.97%。毛利率高達91.52%。東方賓館的商務會展業務的市場占有率不斷擴大，會展業務成為持續利潤增長點。

案例分析

作為國內外知名的飯店，東方賓館及時轉型於會展商務客源市場，在發展中確立了自己獨特的市場地位，並形成了明顯的競爭優勢。這種重新定位是明智而理性的，也是切合實際的。

1.環境優勢與歷史性機遇

2008年奧運會和廣州舉辦2010年亞運會，將拉動廣州的基礎設施建設和地區經濟的增長。從行業發展的角度來看，作為廣州地區知名度極高的五星級飯店，東方賓館無疑將受益於蓬勃發展的大環境。也就是說，行業發展的巨大空間將為定位高端市場的東方賓館提供拓展利潤增長的大背景。此外，附近的新機

場、新港口、新火車站、地鐵網、琶洲會展中心二期的建設，也將給東方賓館帶來無限商機。

2.具有較高的歷史品牌價值和顧客忠誠度

東方賓館是擁有四十多年歷史的老牌賓館，是中國建立最早的五星級飯店，經過幾年的改制和改造之後，散發了青春的活力，已成功向國際會展商務飯店轉型。其硬體設施具備了接待商務會展客人的良好條件，如擁有亞洲最大的會展大廳。

3.有接待高檔客人的豐富經驗

四十多年來，東方賓館除接待過中國國內外無數政要名人、富商鉅賈之外，還舉辦過無數次藝術、商務盛會。每年在廣州舉辦的各種大型交易會以及國際活動，是東方賓館商務會展經營的大環境，能確保其業績穩定成長。

案例啟示

中國飯店業是最早對外開放的投資領域。按照中國在加入世貿組織協定中的承諾，飯店業允許外資在飯店項目中控股，並於2006年全面開放市場。隨著中國經濟及旅遊業的發展，北京奧運會、廣州亞運會等多項國際性活動的舉辦，中國飯店業的全面開放將為飯店業帶來挑戰與機遇。

任何飯店都不可能占領和滿足每一個客源市場，但應該有明確的、相對固定的目標市場，飯店只有根據自身條件，與時俱進，明確市場定位，才能更好地為目標市場制定適當的營銷方案，從而提高市場占有率，贏得競爭優勢。

資料來源

關雯．東方賓館：打造廣州頂級會展商務酒店．人民日報海外版

案例思考

1.飯店業的營銷市場定位應該依據什麼條件？

2.中國某些飯店的市場定位比較模糊，原因是什麼？

6-2 如家快捷酒店連鎖集團——經濟型飯店的品牌營銷

案例介紹

如家快捷酒店連鎖集團於2002年6月，由首都旅遊集團和攜程旅行服務公司共同投資組建。幾年來，如家快捷酒店連鎖集團借鑑歐美完善成熟的經濟酒店模式，實現了跨越式發展。特別是2005年，如家快捷酒店連鎖提出可持續發展戰略，加速擴張，酒店數目從50家連鎖店發展到近180家，分布在中國22個省和直轄市，完成了中國全國的戰略布局，是中國發展最快、開幕酒店數目最多的經濟型連鎖品牌。

如家快捷酒店連鎖大打「品質保證，收費大眾化，一切如家」的經濟型品牌營銷牌，讓每一位來賓感受「潔淨、溫馨」，將現代生活方式濃縮於有限空間：寬敞的席夢思床具，現代感十足的家具，24小時冷熱水供應，以及空調、電視、電話、免費寬頻上網等。

在營銷戰略布局上，如家快捷酒店連鎖集團全面貫徹「東南西北中」的發展戰略：東面以上海為中心，同時擴大長三角二、三級城市的布局；北面從京津唐開始朝東北拓展，大連、瀋陽、哈爾濱等分店都已開幕；南面主要是珠三角，目前在深圳、廣州、中山、廈門、珠海等地都有布點；西南的成都、重慶、西安也都布了點；華中地區在武漢、河南、湖南等地也已布點。

這種戰略完成了點、線、面結合，不斷把點連成面，形成並在部分城市做到戰略性突破，達到局部區域絕對競爭優勢。2006年，如家把膠東半島作為全年的發展重點，截至目前，如家快捷在山東的簽約酒店數量達到 10家，開幕酒店數量達到了6家，分布在青島、威海、煙臺、淄博等4座城市，預計2008年，在山東省簽約酒店數量達到15～20家，分布城市在5座以上。

未來，如家快捷酒店連鎖集團將根據既定的品牌營銷發展戰略，全面進軍中國所有省會城市和GDP超過千億元的中心城市，力爭規模達到180家，開業酒店規模達到140家，成為中國經濟型連鎖酒店的領導品牌。如家快捷酒店連鎖的願景，是「中國最著名的住宿業品牌」。

案例分析

飯店品牌營銷是指飯店透過創立市場良好品牌形象，提升產品知名度，並以知名度來開拓市場，培養忠誠品牌消費者，以擴大市場占有率，取得豐厚利潤回報的一種戰略攻勢。

從品牌的功能來看，「如家」這個品牌不僅僅是一個飯店產品的標誌，更多的是如家快捷產品的品質、性能、滿足消費者效用的可靠程度的綜合體現。它凝結了如家快捷的科學管理、市場信譽、追求完美的精神文化內涵，決定和影響著產品市場結構與服務定位。發揮品牌的市場影響力、帶給消費者信心、給消費者以物質和精神的享受，是如家快捷品牌營銷的基本功能所在。

如家快捷的品牌營銷，思路清晰，動作果斷，具有如下特點：

1.品牌形象體現了其服務宗旨和生活理念

如家快捷的品牌設計有自己的特色。酒店的標誌文化內涵豐富、簡潔醒目、具有美感，「如家快捷」幾個字朗朗上口，易於傳誦，既能在消費者心目中留下深刻印象，又能刺激消費者的消費慾望，最易為廣大消費者所接受。同時，如家快捷的品牌設計，體現了「品質保證，收費大眾化，一切如家」的服務宗旨，和「適度生活、自然自在」的生活理念。

2.具有品牌營銷的競爭意識

隨著對外開放和國際化進程的加快，中國已經進入了品牌競爭時代，創立品牌、宣傳品牌、保護品牌、發展品牌、走品牌之路，已經形成了共識。但品牌的成長並不是一個簡單且一蹴而就的事情，而是一個長期的系統工程，需要整體規劃，通盤考量。如家快捷結合中國飯店業，根據自身的條件與特點，在分析市場

環境的基礎上，制定出品牌營銷戰略，透過品牌擴張壯大品牌實力，拓展市場分額，並取得了顯著的成績。

3.有明確的市場定位

如家快捷的品牌營銷競爭不是全方位競爭，而是將自己的品牌明確定位於一定的市場層次，即飯店業的中檔市場，為這一消費層次的消費者提供「潔淨、溫馨」的飯店產品。如家快捷定位的基本方法，不是創造某種新奇或與眾不同的事項，而是將顧客心目中潛在的消費慾望挖掘出來，使之轉化為消費衝動。如家快捷溫馨如家的享受、大眾化的價格，成了消費者品牌偏好與品牌忠誠的建立前提。

案例啟示

如家快捷酒店連鎖集團，透過品牌優勢的有效傳遞所帶來的效益，遠遠高於同檔次其他飯店的經濟效益。與傳統招待所相比，經濟型飯店有著天然的優勢。它實施飯店化管理，有著系統的電腦管理模式，旅客從進門一直到退房，都能享受一站式服務，客房衛生每天抽檢，衛浴、床上用品一人一換。與普通的星級飯店相比，經濟型酒店唯一缺少的就是娛樂設施，僅提供單純的住宿服務。但它的優勢也很明顯，就是價格低廉，如杭州的標準三星級飯店標準房，價格都高於300元／間，好一點的超過500元／間，經濟型酒店至少比它們便宜30%。大眾化的消費標準，自然會吸引更多消費群，自然也就能為飯店帶來薄利多銷的經濟效益。由於標準不低、價格不高，經濟型飯店迎合了大量商務人士和旅客的需求，經濟效益相當可觀。從如家快捷、錦江之星、青年旅館等經濟型酒店連鎖店營運的趨勢來看，飯店的年利率能保持在20%以上，收益率遠遠高於星級飯店。

連鎖飯店品牌的另一個優勢，就是能擁有忠實的顧客。一旦顧客對某一品牌飯店產生信賴感，就會在未來持續購買該品牌的產品或服務，並推薦給自己的朋友們。同時，顧客對該飯店產品或服務價格的敏感度也會降低，使得品牌飯店的業績更加穩定，並可以節省成本、提高利潤。

在經濟全球化背景下，國際競爭越來越表現為品牌營銷的競爭。現代飯店跨國公司絕大多數都是世界知名品牌公司，尤其注重品牌營銷戰略的運用。透過品牌營銷這種全方位的輸出形態，飯店跨國公司逐步占領了國際市場。可以毫不誇張地說，品牌營銷是實現全球戰略目標的鋭利武器，是實現資本擴張的重要手段。

資料來源

1.秉喜・如家開業連鎖突破100家・中國旅遊報

2.管向東・創建強有力的品牌・北京：中信出版社

案例思考

1.什麼叫品牌營銷？品牌營銷對增加飯店競爭力有什麼意義？

2.如家快捷與錦江之星、青年旅館都屬於經濟型連鎖飯店，請比較它們的品牌營銷戰略有什麼異同。

6-3 大連凱賓斯基飯店——把飯店打造成藝術殿堂

案例介紹

1.基本情況

大連凱賓斯基飯店是由大連振屹房屋開發有限公司投資興建、由德國凱賓斯基飯店管理集團經營管理的國際五星級飯店，於2005年底正式開幕，集客房、餐飲、娛樂、SPA於一體，是目前大連地區檔次最高、最豪華的飯店。

大連凱賓斯基飯店樓高30層，毗鄰大連市政府和金融中心。飯店擁有客房450多間，餐飲方面有譚家菜中餐廳、北京傳統官府菜、普拉那啤酒坊、日本料理、德國美食、自釀鮮啤酒及國際式自助餐等。飯店內設有三溫暖、蒸氣、衝浪和30間獨立休息室的SPA健身中心及游泳池。大宴會廳面積510平方公尺，可容

納500多人。飯店還設有咖啡廳和茶座設施，衛星頻道和專用電影頻道的平面液晶電視、語音留言系統等服務設施。

2.別開生面的藝術交流活動

2006年11月一個歡樂的夜晚，大連凱賓斯基飯店三樓大宴會廳，洋溢著濃郁法國風情的音樂演唱會在這裡舉行，著名的法國贊客樂隊（La Compagnie des Zincs）激情演繹了經典法國民歌和葡萄酒主題歌曲，贏得了中外觀眾的陣陣掌聲。這次演唱會是由大連凱賓斯基飯店、大連法語聯盟和法國道達爾集團聯合舉辦。

來自法國的贊客樂隊由4位藝術家組成，分別司職歌手、貝司手、鋼琴手和風琴手。他們巧妙地將藝術與生活融為一體，全新詮釋法國歌曲和葡萄酒文化，其演出足跡已遍布世界各地。

在贊客樂隊大連演唱會的上半場，藝術家們奉獻了一系列五、六0年代流行的經典法國民歌，其中一些為人們所熟悉的法國歌曲，已傳唱於世界各地，成為世界各民族所喜愛的旋律。演唱會下半場，透過布景和舞台燈光所營造的酒吧氣氛，伴著手風琴爵士樂，藝術家們演繹了以葡萄酒、酒的故事、酒文化和贊酒的文學為主題的法國原創歌曲，這也是慶祝每年11月第3個星期四的法國薄酒萊新酒節。

贊客樂隊別出心裁的表演，為觀眾帶來了藝術享受，人們彷彿聞到了葡萄酒香、感受到了法國文化以及釀製和品味法國葡萄酒的快樂。

這次演唱會是由大連凱賓斯基飯店總經理讓・克勞德・博易先生親自策劃並參與實施。博易總經理到大連後一直促進中西方文化藝術的交流，致力於把大連凱賓斯基飯店打造成高雅藝術的殿堂。在成功地舉辦了「中國當代工筆畫名家作品展」，贊助並協辦了「儒勒・凡爾納之吻」法國鋼琴演奏會之後，又再次邀請法國樂隊舉辦大連演唱會，推介法國音樂和葡萄酒文化。本次演唱會受到了中外音樂愛好者的歡迎和讚譽，圓滿成功。

案例分析

1.具有文化營銷的環境

大連凱賓斯基飯店的文化藝術交流活動，與其所處人文環境聯繫緊密。大連是一座具有一定西洋文化的城市，曾被外國殖民統治了半個多世紀，一直都是對外開放的口岸。1978年後，大連市已逐步發展成為開放度高，吸引力、輻射力強的綜合性國際性城市。在內環境方面，大連凱賓斯基飯店在建築造型、功能布局、設計裝飾、環境烘托等方面，都體現了現代文化氣息，能增強吸引賓客的獨特魅力。

2.善於製造文化氛圍

作為現代文明高度集中的飯店，大連凱賓斯基飯店的文化品味和檔次是比較高的。世界性的文化藝術交流活動不斷，既有外國的，如法國音樂演唱會，「儒勒·凡爾納之吻」法國鋼琴演奏會，也有「中國當代工筆畫名家作品展」，熱烈的氛圍自然能增加對中外賓客的吸引力。

3.飯店產品融入了豐富的文化元素

大連凱賓斯基飯店的文化藝術活動，不是簡單地突顯其滿足消費者生理功能與使用功能的特點，而是大量融入豐富多彩的商業性文化元素，如用葡萄酒、酒的故事、酒文化和贊酒的文學為主題的法國原創歌曲，來為每年11月第3個星期四的法國薄酒萊新酒節助興。這樣既可以滿足消費者的物質需求，也可以使消費者得到精神上的充分享受。從其服務產品來看，既具有實惠性，又具有滿足性。從其營銷的名目來看，又具有豐富的文化性和營銷主題的誘導性。從營銷環境來看，突顯了鮮明的文化基調或氛圍，並使客人產生愉悦感。

4.把文化藝術活動作為營銷方式

大連凱賓斯基飯店的文化藝術活動，不僅滿足了消費者的當前消費需求，還能激發消費者潛在的消費需求。一系列中外文化藝術交流活動，不僅能留住國外旅客，也能吸引一大批當地消費者。因此，將藝術交流活動融入營銷文化，能使

消費者對精神文化生活的追求產生共鳴，使他們在消費過程中得到精神的愉悦和滿足。因此，這種營銷方式既注意了長遠與短期利益的結合，也注意了自身利益與客人利益的結合。

案例啟示

飯店舉辦文化藝術交流活動，是對常規營銷的一種超越，是飯店營銷藝術的一種昇華，也是現代飯店營銷的發展趨勢。文化營銷不是單純地把某一件商品推銷給消費者，而是必須打出一個鮮明的文化主題，努力與消費者達成文化上的認同，從而影響和引導消費者的行為。其實質，就是充分運用文化的力量，實現飯店戰略目標的市場營銷活動。具體來説，就是在市場調查、環境預測、選擇目標市場、市場定位、產品開發、定價、管道選擇、促銷、提供服務等營銷活動流程中，主動滲入文化元素，提高文化含量，以文化為媒介，與消費者及社會公眾構建全新的利益共同體關係。

現在，市場營銷已改變過去單一的、硬性的、叫賣式的推銷，越來越講究文化品味。這是社會生產力和社會消費水準不斷提高的必然要求。如今，越來越多的飯店管理者已體認到高品味高層次的飯店文化營銷，已成為飯店生存與發展的根本。著力營造文化氛圍，增加飯店產品的文化附加價值，以及利用文化活動來促銷，已形成趨勢。

資料來源

王軍輝．法國贊客樂隊帶來法國風情．新商報

案例思考

1.現代飯店營銷為什麼要講究文化品味？

2.大連凱賓斯基飯店致力於打造成高雅藝術的殿堂，對飯店的營銷有什麼意義？

6-4 北京前門建國飯店——主題突出的文化營銷

案例介紹

1.基本情況

北京前門建國飯店開幕於1956年，是一座既有中國民族風格，又兼具歐洲古典情調的四星級旅遊飯店，地處北京市中心，東靠商業區前門大街，南瀕天壇公園，西鄰伊斯蘭聖地牛街清真寺，北近馳名中外的琉璃廠文化街。飯店擁有各類客房410間（套），有可容納200人以上用餐的中、西餐廳和宴會廳、商務中心、豪華會議室等。

1990年，前門建國飯店重新進行營銷定位，把弘揚中國京劇藝術國粹作為飯店文化營銷主題，建成了可容納千名觀眾的「梨園劇場」，每天晚上7：30演出京劇，贏得了中外賓客的青睞。十多年來，該劇場曾創下了三個獨一無二：飯店開辦京劇劇場獨一無二，一年四季每晚堅持專演京劇獨一無二，茶座式服務和京劇演出相結合獨一無二。

2.文化營銷的主題

前門建國飯店是1950年代初首批建設的飯店，曾經是京城著名的「八大飯店」之一。如今五十多年過去了，逐步轉型為一家旅遊接待飯店。2000年，前門飯店引進首旅建國管理模式，經營、管理和服務再攀新高。2004年底，飯店在首旅集團支持下，廣泛聽取各方專家、學者、著名文化藝術界人士的意見，以塑造和強化前門梨園文化品牌為目標，提出了將前門建國飯店打造成為以京劇文化為主題的飯店設想。

在京劇文化主題的塑造方面，前門建國飯店把京劇文化視為一個博大精深的寶藏，透過系統開發，努力提高其附加價值，由過去單一上演京劇摺子戲，向上下游產品延伸，成功地將京劇文化連接餐飲，將一部分單間餐廳借用京戲的戲名和情節，裝修成不同的主題餐廳，強化了京劇主題的文化氛圍。飯店大廳陳設、

客房布置、紀念品銷售，也處處充滿著京劇文化味兒。八仙桌、太師椅、蓋碗茶……觀眾還可穿上戲服錄影、拍照；團體看演出還可包場、包區、點戲。這種文化營銷方式新穎靈活，深受客人們歡迎。此外，前門飯店透過市場調查發現：到京城的外國遊客的三大願望是「登長城、吃烤鴨、看京劇」，無論是商務客人還是旅客，行程安排普遍偏緊，希望不出店門就能坐享吃烤鴨和看京劇的樂趣。於是，他們在餐廳裡建了一個全封閉的烤鴨明爐。客人一進餐廳，就能透過玻璃櫥窗看到爐膛內正在烤製的鴨子，看到廚師現場片鴨、切肉。飯店還推出了「一鴨三吃」的全套服務。

案例分析

前門建國飯店堅持以京劇為遊客，特別是外國客人提供民族的、健康的、高檔次的旅遊體驗，抓住了遊客夜生活所欠缺的商機，用閒置的大禮堂等會議設施，聯合北京京劇院，創辦了「梨園劇場」，進行飯店業食宿接待與文化娛樂結合的有益嘗試。

一般來說，飯店的文化特色必須與其所處社會環境和社會文化相聯繫、相融合，才能得到有效的彰顯。北京前門是老北京的中心區，有著豐厚的傳統文化和民俗文化底蘊，加上北京前門建國飯店曾是1950年代著名的「八大飯店」之一，建築上既具有中國民族文化的風格，又兼有歐洲古典情調。在內環境方面，重新裝修改建後，其功能布局、設計裝飾、環境烘托等方面，都體現了京劇文化特色的主題，如飯店大廳陳設、客房布置、紀念品銷售，以及八仙桌、太師椅、蓋碗茶，處處充滿著京劇文化的韻味，自然增加了吸引賓客的獨特魅力。因此，前門建國飯店在文化營銷上，優勢特別明顯。

1.文化定位準確

文化營銷最關鍵的一點，就是給飯店合適的文化定位，既要考量飯店的主要消費群特徵、品牌目標，又要找對合適的文化，才能確定最佳賣點。從消費群特徵看，前門建國飯店的營銷對象，主要是中外遊客，遊客到達一座旅遊城市，必然要盡可能地感受當地的文化特色。而京劇藝術是中國國粹，北京則是京劇藝術

的中心，這就為前門建國飯店的文化定位提供了一個基本的範圍框架，從而找到了精彩的營銷賣點。

2.優化組合到位

文化營銷是對飯店文化的一種優化組合。飯店文化具有三個層面：一是物質文化，二是行為文化，三是精神文化。從前門建國飯店的硬體環境來看，它的實體形象、建設風格、建築裝潢、規模、設施設備、飯店產品及用品等在內的空間環境，都組合了京劇的文化元素。此外，前門建國飯店還將京劇文化融入服務項目之中，真正讓客人感受到這種文化的魅力。如觀眾還可穿上戲服錄影、拍照；團體看演出還可包場、包區、點戲；客人不出店門就能坐享吃烤鴨和看京劇的樂趣。服務人員自然都是一身京劇戲服裝束，舉手投足，都在傳播和實踐京劇文化以及服務。

3.文化滲透交融

前門建國飯店的文化營銷，已經把京劇的文化因素滲透到營銷的各個環節之中，使文化與營銷相互組合，相互滲透。如成功地將京劇文化與餐飲連接，將一部分單間餐廳借用京戲的戲名和情節，裝修成不同的主題餐廳，較好地體現整個飯店的京劇文化氛圍。

案例啟示

飯店實施文化營銷是適應消費心理變化的必然選擇。一般來説，人的需求大致可分為兩類，一是生理需求或物質需求，二是心理需求或精神文化需求。傳統的產品或服務側重滿足人們吃、穿、住等生理方面的需求，而現在，人們對精神文化的需求日趨強烈。隨著生產力水準的不斷提高，和物質財富的日益豐富，滿足生理需求已非當務之急，文化需求已開始占主導地位；文化教育水準和普及化程度的提高，以及各國文化交流的深入，勢必將消費者的文化素質、審美情趣，提高到一個新的高度。而市場經濟條件下的交換關係，又累加了人們內心深處的寂寞、憂鬱和焦慮，使得他們更加渴望得到精神上、文化上的撫慰與滿足。於是，人們的消費需求由過去的溫飽型向文化型轉移。而這種消費心理變化，決定

了現代的營銷重點是要盡可能滿足人們文化心理的需求，也就是說，飯店應該以有個性的文化作為營銷手段去開拓市場。

前門建國飯店文化營銷的創意和成功進一步證明，當前經濟與文化的關係已經越來越密切，名牌的競爭已經離不開文化的支持。

資料來源

吳曉梅．小主題作出大文章——北京「前門建國」打造京劇．中國旅遊報

案例思考

1.飯店的文化營銷如何定位？

2.為什麼飯店實施文化營銷是適應消費心理變化的必然選擇？

6-5 北京香格里拉飯店——豐富多彩的節慶營銷

案例介紹

1.基本情況

北京香格里拉飯店是香格里拉飯店集團在中國投資興建的第一家香格里拉飯店，坐落於北京市西部中心區域，於1987年8月22日正式開幕。2003年8月開始，分兩期對整個飯店升級改造，總投資7200萬美元。目前，已擁有客房528間（套），有3000平方公尺風景秀麗、景色宜人的戶外花園，還有全新的咖啡Cha、香宮、大廳酒廊和九霄雲外酒吧，及幾家風格迥異的餐廳。所有房間和公共區域，包括餐廳、多功能廳甚至花園，都為客人提供寬頻和無線上網服務。

北京香格里拉飯店以其寬敞的房間、完善的會議設備、提供各種國際美食的特色餐廳、奢華氣派的大廳、風景宜人的中式花園，以及香格里拉式的殷勤好客服務而令人稱道。據中國新浪網一項網路調查，北京香格里拉飯店是京城最具人

氣的五星級飯店。2004年的營業收入達1.7億元，全年客房平均住房率70.2%。

2.節慶營銷活動

北京香格里拉飯店在節慶營銷方面，每年都要根據不同的節日或慶典推出一系列營銷活動。

春節期間，飯店推出「新春超值之旅」的特惠計畫，在規定的特惠期間，凡入住的客人，均可自動享受每房每天150元的餐飲優惠。客人還可免費使用健身中心，兒童與父母同住免費享受加床服務，並可延遲退房時間至晚上6點。另外，飯店還結合本地特色，為賓客們準備了不同的優惠項目。

北京香格里拉飯店2006年推出情人節豪華套房，客人可以享受一系列盡善盡美的服務：專車接到飯店、999朵紅玫瑰裝飾的二人餐廳、品嘗進口紅酒、入住豪華房、享受SPA按摩，還有藏在甜點裡的鑽石，可謂豪華至極。

「五一」期間，香格里拉飯店的各家餐廳都推出特色美食，有由日本廚師主理的日式鰻魚菜餚，有各式蘆筍菜，有行政總廚的義大利拿手菜，客人可領略地中海美食風情。此外，從4月27日至5月7日，客人可以優惠價入住飯店，享受五星級的「勞動節」。

中秋節，北京香格里拉飯店以「月亮人」在中國過「月亮節（中秋節）」為主題，邀請美國太空人歐文先生到飯店交流，各界名流紛至沓來，並與員工一起參加中秋聯歡活動，多家新聞媒體對此報導，香格里拉飯店也因為這些報導而頻頻亮相，知名度大大提高。

中國國慶期間，北京香格里拉飯店連續五年推出「黃金週」特惠活動。

聖誕節更是北京香格里拉飯店的營銷熱點。節日期間，北京香格里拉飯店精心布置，以銀白色為主要色調，突顯西方聖誕的傳統氛圍。平安夜當晚，有豐盛可口的美食、精彩絕倫的演出、妙趣橫生的遊戲、激動人心的抽獎，和盛大的平安夜派對。

新年元旦的前夕，飯店又舉辦跨年盛大派對。同樣在大宴會廳，相對於平安夜的優雅平和，完全不同的裝飾展現更加喜慶的節日氣氛，同樣經過精心挑選、

安排的美食、娛樂和抽獎活動，使各位來賓情緒異常熱烈。

每年春節期間，北京香格里拉飯店還推出新春賀歲「房價特惠」，以特惠價為下榻賓客提供額外的優惠，包括免費雙人早餐、新年賀歲「紅包」、身體護理折扣和延遲退房時間等。

在中外傳統文化節日營銷的同時，北京香格里拉飯店每年都要自行舉辦各種促銷節日，如「義大利美食節」、「挪威鮭魚美食節」、「泰國美食節」等。另外，新婚喜宴也是北京香格里拉飯店的一大亮點，頗受廣大市民的青睞。

案例分析

飯店節慶營銷通常是指利用法定節假日、特殊的紀念日，以及由飯店、政府或其他機構舉辦的社會新興節日所進行的營銷活動。它立足於地方資源優勢基礎之上，是節日經濟貿易活動中所滲透的文化內涵，是民族文化、民俗文化和商業文化的綜合體現。

北京香格里拉飯店的節慶營銷不是盲目的，都是根據實際需要而有其營銷目標指向。其節慶營銷可分為以下三種類型：

1.以商業利益為主要目的的節慶營銷

借法定節日和傳統節日，透過廣告宣傳、優惠酬賓等，刺激消費來達到營利目的的營銷活動。如「新春超值之旅」的特惠計畫、新春賀歲「房價特惠」、情人節豪華套房、義大利美食節、泰國美食節等等，營銷活動的內容和目標都十分明確。

2.以追求社會效益為主要目的的節慶營銷

香格里拉飯店作為社會經濟實體，直接追求經濟利益是其性質決定的，但也並非事事處處都要直接追求經濟利益，有時為擴大社會影響、塑造良好的社會形象、突顯飯店的產品實力，以贏得誠信與美譽，必須舉辦一些具有良好社會效益的自我營銷活動。如在中秋節，以「月亮人」在中國過「月亮節（中秋節）」為主題，邀請美國太空人歐文先生到飯店交流，多家新聞媒體對此報導，從而大大

提高了香格里拉飯店的知名度和美譽。

3.以追求綜合效益為主要目的的節慶營銷

綜合效益是指既能為飯店帶來直接的經濟效益，又能獲得社會效益的節慶營銷活動。一般說來，人們對飯店的需求，不僅出於物質滿足的需要，更有精神層次的追求。北京香格里拉飯店的節慶營銷，既符合市場的一般需求，又符合社會公眾所提倡或追求的生活方式或文化理念，二者結合，獲得了明顯的綜合效益。這也許正是北京香格里拉飯店之所以被評為「最有人氣」飯店的原因之一。

案例啟示

中國的法定休假時間每年總共有114天左右，約占全年總天數的1/3，再加上個人的含薪假期和其他一些沒有節休的節日，構成了數量較多的節假日。這也給飯店的節慶營銷提供了眾多營銷主題，帶來了大量商機。

中國節假日大致包括三種類型：

一是傳統節日，包括法定節假日、中國的傳統節日、國外的傳統節日等。如元旦、三八勞動婦女節、五一勞動節、六一國際兒童節、八一建軍節、九九重陽節、中秋節、十一國慶節、春節、聖誕節、情人節等等。

二是經貿節日，即由國家、地方政府或行業、企業舉辦或承辦，以促銷或傳播社會文化、理念等為目的所舉辦的節日，方式是「文化搭台、經貿唱戲」，如龍舟節、時裝節、電影節、竹文化節、茶文化節、酒文化節、音樂節等等。

三是紀念節日，包括某團體或實體成立週年紀念日，如飯店開幕紀念日、某企業成立紀念日等，也包括某消費者個人的生日、結婚紀念日等。

節假日類別的多樣性和文化內涵的相異性，決定了飯店節慶營銷必須具有針對性，飯店應該根據節假日的類型和文化內涵，選擇合適的營銷主題，注意區分節假日的不同產生背景，以適應不同客人的需要。比如，中國的中秋節是以月亮文化為內容的傳統節日，表達著團圓、祥和、思念故鄉的情緒，而聖誕節則是紀念耶穌誕辰的西方節日，倡導歡快、欣喜、聖潔的氣氛。不同的象徵意義適合不

同的營銷目的，需要採用不同的營銷手法。

資料來源

劉晨，趙媛．香格里拉飯店情人節套餐賣十萬．競報

案例思考

1.如何挖掘節慶營銷的文化資源？

2.如何才能有效地將節慶營銷的經濟效益與社會效益相結合？

6-6 杭州瑞豐格琳酒店——差異化定位：有限服務

案例介紹

杭州瑞豐格琳酒店是一家高檔商務型酒店，是最佳西方集團在杭州的首家精品系列飯店。飯店從硬體設施到軟體服務，都以最佳西方集團的規範標準為基礎，以國際化的品牌效應為導向，具有商務型精品飯店的特色。

酒店位於中國杭州市中心，高18層，擁有客房200餘間，以時尚簡潔、寬敞舒適、典雅溫馨為主要風格，各類設施設備服務細節都按商務型客人的需求量身設計。有高品質的雅蘭床具和紅櫻桃木家具，也有色彩淡雅、舒適度極強的軟床、硬床，設計新穎別緻的書櫃、三角書桌，能滿足高檔次商務型客人的高品味需求。各種設施設備齊全，有27吋的液晶電視、國際直撥電話、衛星電視、直接飲用水系統等。客人可根據自己的喜好選用各種材質的枕頭（軟枕、硬枕、蕎麥枕、藥枕等）。另外，客房內還配有熨斗、鬧鐘、保險箱、手電筒、文具架等一系列小物件，能使客人感受到在家時的方便與舒適。酒店同時擁有小型的「愛琴海西餐廳」及「風荷中餐廳」，還有商務中心以及三溫暖、美容美髮、足浴等娛樂休閒設施。

作為商務酒店，瑞豐格琳定位於有限服務。在有限服務中，酒店注重客房配

備，不僅客房家具簡潔時尚，各種用品使用舒適，而且考量到商務客人工作節奏快的特點，將一部分客房的電視和電腦合二為一，配置無線滑鼠和鍵盤，滿足客人在房間隨時隨地工作的需要。酒店力求給客人回家的感覺，在一些細節中體現人性化，如提供各式各樣的軟枕、硬枕和蕎枕，滿足不同客人的需求，房內還免費提供客人中英文報紙雜誌。

瑞豐格琳酒店房間均價在400元／間左右，比當地四星級酒店均價高出了四、五十元，但其性價比相對較高，因而擁有較為穩定的客戶群。

案例分析

瑞豐格琳酒店既不是豪華飯店，也不是經濟型飯店，而是一種在國外被稱為有限服務的飯店。它對常規飯店服務產品做了「加減法」，減掉規模大而齊全的餐飲、娛樂等設施，只配置小型中西餐廳各一間，並做足客房文章，如有不同格局的17種客房房型，特別配置了有關枕頭的「菜單」，可以提供軟枕、硬枕、蕎枕等，滿足不同客人的睡眠需求。每個房間設有兩個寬頻上網端口，能滿足商務客人的需求，客房的電視與電腦合二為一，配置無線滑鼠和鍵盤，客人在床上就能同時體驗數位電視與網路世界的無限樂趣。

瑞豐格琳酒店的有限服務，不僅減少了飯店在經營中不必要的成本及費用，減少經營壓力，還使客人得到實惠。其高性價比，為客人帶來了全新的住宿體驗，從而打開商務型飯店業經營的全新思路，特別是規避了由於各種餐飲、娛樂設施所導致的經營成本壓力，擴大了飯店經營利潤空間。

隨著杭州城市和商業的進一步發展，中國國內外商務交流日趨頻繁，有特色的高端商務型飯店市場發展空間越來越大。瑞豐格琳酒店的有限服務，不僅滿足了中國國內高端商務人士工作生活的需要，也極大地滿足了國外人士來杭進行商務考察洽談的需要。

案例啟示

在歐美一些發達國家，經濟型飯店以價格和設施差異細分成三種類型：有限服務飯店、經濟飯店和廉價飯店。有限服務飯店在經濟型飯店中屬於高檔次，經濟飯店屬於中檔次，廉價飯店則屬於最低檔次。這三種層次的飯店價格相差很大，硬體設施的差距也非常大。一些有限服務飯店的客房硬體設施並不亞於四星級飯店。

如今，經濟型飯店大行其道，競爭日益激烈，市場空間急劇壓縮，所以投資飯店必須在已經細分的市場上再度進行差異化定位。有限服務飯店為中國飯店行業提供了一種新的經營思路。

高星級飯店是商務客人的首選，但是現在人們在進行商務活動時，更加注重性價比。這種有限服務飯店，設施設備豪華、裝修考究、服務優良，但是只提供客房和會議設施，而削減其他非必需設施。這種能大幅度降低價格的新型飯店，為飯店市場細分和專業化提供了一個樣板，也受到了商務旅行者的青睞。

資料來源

吳靜芬．鎖定高端客戶，試水「有限服務」．青年時報

案例思考

1.什麼是差異化定位？

2.在同質化競爭越來越激烈的飯店業市場，如何才能做到差異化？

6-7 南京華東飯店——開展綠色營銷

案例介紹

1.基本情況

南京華東飯店是一家四星級「老字號」飯店。飯店歷史悠久，著名的A、B

樓曾分別為美國軍事顧問團與蘇聯軍事顧問團的駐地。飯店現有標準房、套房400餘間（套），客房設施齊全。另有大小餐廳、宴會廳40間，總餐位1400個，各樓層有配備完善、先進的大小會議廳（室）共20個。

幾十年來，華東飯店經多次裝修改造，硬體檔次不斷提高。1999年3月被中國國內貿易部評為首批國家一級飯店，飯店的全面建設再上新台階，社會效益、經濟效益不斷獲得新成果。2003年5月，飯店被評定為三星級旅遊國際飯店。2004年飯店又投下巨資對兩幢接待大樓裝修改造，並對環境進行規劃、整治，2004年12月被中國飯店協會評為南京首家「AAAA級綠色飯店」。

2.開展綠色營銷

近年來，華東飯店圍繞綠色營銷開展了一系列改革，在多方考察諮詢的基礎上，拉開了創建綠色飯店活動的序幕。

（1）對員工的思想觀念進行「綠化」。從基層服務人員到管理階層，都要求樹立節約能源、保護環境的意識，進一步形成了「綠色營銷」觀念。

（2）在南京近郊選擇了自己的蔬菜基地，推出的綠色食品均選用國家專門等級評定機構認證的無公害農產品、綠色農產品和有機農產品。這些產品均出自良好的生態環境，如深受賓客喜愛的「華東鹽水鴨」採用的鴨，就是「南京綠色農業基地」的產品。

（3）設置綠色餐廳，並在餐廳設非菸區，在餐桌上放置無菸標誌和綠色食譜。

（4）制定與之相配套的綠色飯店餐飲服務規程；根據季節的不同，飯店在涼、熱菜的衛生品質嚴格把關，海鮮、湖魚類各有一系列的檢驗標準。

（5）嚴格把關食品進貨管道。畜禽等必須有防疫部門的檢驗證明，否則拒絕收驗。

（6）推出「綠色食品美食節」等活動。宣傳綠色菜餚，並在餐廳內設置「能吃是福氣，節約是美德」的提示卡，引導客人適量點菜，並主動徵求客人意見，為其提供打包和存酒服務。

（7）進一步擴大華東「綠色飯店」的內涵。飯店投入近千萬元，對設施設備進行了「綠」化改造，向國際標準看齊，爭取ISO14000認證。

案例分析

綠色營銷是旨在保護環境，減少汙染的市場營銷，它要求企業把市場需求、環境保護和企業利益結合起來，強調在市場營銷過程中，不僅要維護企業自身利益，還得承擔保護環境的社會責任。

1990年代中期，國外「綠色飯店」的理念傳入中國。北京、上海、浙江、廣州等一些大城市的外資、合資飯店和國外管理集團管理的飯店，開始實施「綠色行動」以及綠色營銷。

華東飯店的綠色營銷，在中檔飯店有一定的代表性，並具備了綠色營銷的幾個基本特點：

1.具有強烈的「綠色意識」

「綠色」並非指顏色，而是指人類生存的環境必須受到良好和有效的保護，是指達到生態環境保護標準，是無汙染的標誌。華東飯店對全體員工思想意識的「綠化」，就是增強綠色意識的行為。所謂綠色意識，就是要對綠色環保、生態環境、有利於人體健康有深刻的認識，對飯店業的發展必須建立在生態環境的承受能力之上有真正的理解。正因為華東飯店具有綠色意識，才能成功地開展綠色營銷，並受到消費者的歡迎。

2.設立了綠色渠道

綠色管道的通暢是成功實施綠色營銷的關鍵。他們選擇綠色基地，讓客人吃放心菜，並採取了一系列綠色促銷措施，如設置綠色餐廳，並在餐廳設非菸區，在餐桌上放置無菸標誌和綠色食譜，同時制定與之相配套的綠色飯店餐飲服務規程，推出「綠色食品美食節」等宣傳促銷活動。飯店在推行綠色消費理念方面也下了工夫，如在餐廳內設置「能吃是福氣，節約是美德」的提示卡，引導客人適量點菜，並主動徵求客人意見，為其提供打包和存酒服務。

3.取得了初步成效

華東飯店的綠色營銷受到消費者的肯定和歡迎。綠色餐飲一方面有利於環保與生態，另一方面也有利於消費者的身體健康，對於整個社會都是有功有利的事，其營銷主題和方式是能滿足消費者的健康需求，自然就會受到青睞。所以打「綠色營銷」這塊牌，肯定能吸引知識型、文明型消費者。華東飯店經過幾年的綠色營銷嘗試，做法得到了行業的充分肯定，「AAAA級綠色飯店」既是一種肯定，也是一種鼓勵。

案例啟示

隨著生活水準及自身素質的提高，人們已不再滿足於消費傳統意義上的商品及服務，注意力及消費需求趨向健康化、自然化，而「綠色產品」更是人們的新寵，並在全球形成了「綠色浪潮」，環境保護意識已經逐漸融入現代飯店的經營管理中。

綠色營銷是國際飯店業的一種新型營銷模式，核心是在提供顧客符合安全、健康、環保要求的綠色客房和綠色餐飲的基礎上，在生產營運過程中加強對環境的保護和資源的合理利用。因此，綠色營銷是一個複雜的營銷過程，需要蒐集綠色訊息，掌握綠色機會，發現綠色需求，擬定綠色計畫，開展綠色促銷等。隨著1999年「中國生態環境旅遊年」活動的開始，中國飯店業迅速掀起了「綠色浪潮」，綠色營銷也已形成方興未艾之勢。許多飯店都透過綠色營銷，打出創建綠色飯店的牌子。但是，也有一些飯店的「綠色營銷」作秀成分太多，流於形式，沒有實際效用，有的則是一陣風似地趕時髦，以吸引消費者為目的，或以獲取「綠色」招牌為目的，其「綠色」並沒有持之以恆地保持下去。

現在，隨著人們生態環保意識的抬頭，關注綠色產品的消費者越來越多。因此，飯店必須滿足消費者不斷提升的期望。綠色營銷必須從前期的以節能降耗為重點，轉向以綠色產品建設為核心，才能樹立飯店的良好形象，永保市場的生命力。

資料來源

1.朱進賢．南京現首家AAAA級綠色飯店．南京日報

2.蔣世強．華東飯店開展餐飲綠色營銷．中國旅遊報

案例思考

1.開展綠色營銷對現代飯店有什麼意義？

2.開展綠色營銷需要什麼條件和基礎？

6-8 杭州富陽國際大酒店——飯店廣告營銷

案例介紹

1.基本情況

杭州富陽國際大酒店開幕於2000年，坐落在美麗的富春江畔。富陽國際大酒店距杭州30公里，是富春江——新安江——千島湖國家級黃金旅遊線上的第一站，周圍的自然人文景觀眾多，水陸交通極為便利。

酒店擁有13層主樓及停車場等設施，營業面積15000平方公尺，是富陽一家三星級國際旅遊飯店。有普通客房、豪華客房、商務客房、豪華套房、總統套房共67間（套）；設有宴會廳、封閉式包廂、情侶包廂近20間；有溫馨浪漫的茶吧、咖啡廳、購物商場和商務中心；有可容納150人以下的大、小會議室2間；有國際俱樂部（豪華歌舞廳、KTV包廂）、國際三溫暖健身會所和美容美髮等各種娛樂休閒場所。

2.廣告營銷方案

面對越來越激烈的市場競爭，富陽國際大酒店加強營銷策劃，在2005年加強了廣告營銷。首先，他們對市場形勢做了客觀分析，認為透過廣告宣傳和酒店

員工的不懈努力，富陽國際大酒店在消費者心中已有一定的知名度和美譽，但是定位不清晰，在消費者心目中沒有準確的定位。於是，酒店擬定了一套廣告營銷方案：

（1）廣告主題：將廣告主題定為：「入住富陽國際，虎踞龍盤之地」，本意是「皇帝的駐地」，引申為「風水寶地」，符合時下既有客戶的審美習慣，又能滿足消費者的求吉心理。因為來富陽國際大酒店的顧客，以富陽本地的企業主為主，大多是當地的創業者，一方面有著生意人的精明，另一方面因為文化程度大多並不是很高，一些較為鄉土化的觀念根深柢固。

（2）廣告訴求：一是吃在富陽國際大酒店：最新潮的菜餚有最新潮的吃法，不斷滿足你的「新鮮」感受。二是住在富陽國際大酒店：溫馨、浪漫，讓你流連忘返。三是玩在富陽國際大酒店：輕鬆、愉快，不一樣的娛樂，就有不一樣的狂歡。四是行在富陽國際大酒店：便利的交通讓尊貴的你有更多的時間馳騁商場。五是辦公在富陽國際大酒店：配套的商務服務中心、商務接待廳、會議廳，讓你「運籌帷幄，決勝千里之外」。

（3）廣告媒體選擇：以戶外媒體為主，直接促銷，能較大程度地提升酒店的高品質形象；在地方電視台適當播放30秒CF廣告、10 秒CF廣告，每天不超過3次；在本地報紙，適當刊登廣告，根據促銷活動安排刊登的具體次數。

（4）特別活動策劃：製造新聞熱點，如與電視台合作現場轉播招聘20萬年薪服務人員1名，要求會四國語言；每月舉辦一次有地方特色的「美食節」。也可以舉辦「浙江好男人廚藝大賽」、「富陽國大淑女大賽」等，具很強創意性和新聞熱點的活動（此活動本身也有很強的新聞運作點）。

案例分析

1.有明確的市場定位

富陽國際大酒店定位的目標客戶群主要不是外地旅遊者，而是杭州本地的創業者、生意人。這些人精明能幹，但文化程度不高，大都有求吉利心理，「虎踞

龍盤之地」的廣告語，能滿足他們把生意做強做大的心理期待。

2.強調了自己的品牌

「入住富陽國際，虎踞龍盤之地」這一廣告語強調了該飯店的品牌形象，能在一定程度上刺激潛在的消費者動機，引導消費。在影響消費者購買決策方面，消費者的知覺具有十分強大的力量。當營銷進入較高層次或產品具有較大同質性時，市場營銷往往並非產品之戰，而是消費者的知覺之戰。

3.突出了優勢及特色

在廣告的訴求方面，強調吃、住、玩、行在富陽國際大酒店的特色，為消費者提供明確的選擇。如在吃的方面，突顯的是「新潮」與「新鮮」；在住的方面，突顯的是「溫馨」和「浪漫」；在玩的方面，突顯的是「不一樣的娛樂」和「不一樣的狂歡」；在行的方面，突顯的是交通便捷，可以節省更多時間。

案例啟示

廣告作為一種商業行為，本質上是出於一定商業動機的有償傳播，被稱為進入市場的「先行官」，它以圖文並茂的形式，立體地呈現品牌，是品牌傳播最有效的方式。

消費者的感知絕大部分是透過廣告獲得的。有資料顯示，目前在中國成功推出一個品牌的成本，估計是 3000萬元，要成為名牌則要花一億元，從這個意義上說，沒有廣告就沒有品牌。隨著旅遊業競爭的加劇，廣告費支出比重也在不斷增加。英國飯店業全部廣告支出從1996年的2000萬英鎊，增加到1998年的3000萬英鎊，增加50%。在中國，隨著國外飯店的進入，飯店業廣告支出也開始增加。中國國內許多飯店開始用廣告擴大品牌的傳播。應該說，運用廣告塑造品牌，作用是顯著的。

廣告影響消費者的消費決策層次模型：一是認知，從感性上認識品牌；二是理解，從理性上了解品牌的特性；三是接受，從感情上接受品牌；四是偏好，偏愛你的品牌；五是購買，成為酒店的忠誠客戶；六是鞏固形象，品牌形象印在消

費者心中，不斷強化，不會輕易改變。中國飯店業已進入微利時期，塑造品牌要本著量力而為的原則，注重提高廣告營銷的效益。

資料來源

天問．富陽國際大酒店2005年營銷提案．浙江營銷傳播網

案例思考

1.如何進行廣告營銷定位？

2.如何才能提高廣告營銷的效益？

6-9 廣東番禺長隆酒店——主題飯店與主題營銷

案例介紹

1.基本情況

廣東番禺長隆酒店是中國唯一一家坐落於野生動物旅遊景區內的生態園林式五星級主題飯店，由廣州長隆集團獨家投資興建並經營管理。酒店左攬廣州番禺長隆歡樂世界，右依香江野生動物世界和長隆夜間動物世界，占地12萬平方公尺，擁有333間（套）不同特色的客房，所有房間超過50平方公尺，且每間都有大型觀景露台。寬敞的空間設計和返璞歸真的裝修風格，體現了人與動物的充分接觸，人與自然和諧相處的氛圍。

2.開展主題營銷

2001年開幕以來，長隆酒店將「人與動物、人與自然和諧共處」作為主題營銷口號，依託長隆集團旗下的野生動物園和長隆歡樂園，因地制宜地利用叢林與動物的主題，設計酒店的建築和經營項目。其建築和裝潢設計具有原始風情特色，並將非洲原野粗獷的自然氣息，演化成一種高雅的生活方式。

在長隆酒店開闊的生態廣場，高聳的棕櫚科熱帶植物和12座古老的青銅雕塑，把客人帶進異國他鄉。前廳大門用古木為材質，以抽象的老虎造型做門把，造型融合了中國傳統的玉雕工藝和非洲式的木雕風格，充分體現了長隆酒店的動物主題，被譽為「中國酒店第一門」。

大廳地面是以中國出口量最大的木紋石和青石板塊為主要裝飾，四旁放有六棵真空處理的大樹，大廳中心的大彎角羚羊青銅雕塑及其上空的鹿角燈，再加上四周牆壁上的各種動物標本和非洲圖騰，更添酒店粗獷、休閒的氣氛。長隆酒店的櫃檯背景是一群很有動感的水鹿雕像，穿過水鹿雕像群，是別緻的鱷魚大廳吧，大廳吧採用迷宮式的建築風格，裡面有朱雀雕像群，飾以眾多的鱷魚標本，地板和欄杆也多以非洲叢林代表性的蕨類植物及其葉子、花紋造型為主，使酒店瀰漫著十足的原始氣息。總統套房與大型公共空間的非洲風情首尾呼應，展現了古埃及的王朝風格。超大型的設計空間、恆溫室內游泳池、珍稀的動物標本和原始的大型浮雕裝飾，營造了萬物之尊的王者風範，被稱為「中國酒店第一房」。

案例分析

作為主題飯店，長隆酒店自然離不開主題營銷。所謂主題營銷是指透過有意識地發掘、利用或創造某種特定主題，來實現經營目標的一種營銷手段。

長隆酒店的主題營銷主要有如下特點：

1.突出的主題品牌營銷

主題飯店注重對主題品牌的建立和發展。透過對主題品牌的塑造，可以提高飯店聲譽，提高飯店產品的顧客忠誠度。長隆酒店地處野生動物園內，「愛護野生動物，保護大自然」，是其突出的主題。它透過建築物造型、環境藝術、室內裝修設計、設備設施和用品物品的造型、色彩圖案、款式、設置創意、視覺效果等硬體和產品理念、服務理念、文化理念、服務過程中的文化點綴、服裝設計、語言文字設計、背景音樂設計等等，從外形和內涵上，都促進了主題品牌的形成。長隆酒店對主題品牌的注重，實際上超出了主題產品的層次，它的目的不再是短期的銷售，而代表長期的較持續性的利益。從競爭的角度講，主題品牌營銷

已經上升到品牌的競爭，這是一種高層次的競爭。

2.和諧的主題文化營銷

人與自然生態的和諧是一個永久的話題。長隆酒店彰顯人與自然生態的主題文化營銷，則是高層次的主題營銷手段，主題中所蘊含的，是主題文化與酒店產品的交融，是長隆酒店對文化資源的合理利用，它能自覺或不自覺地影響客人的消費行為。如長隆酒店透過精心設計的環境和氛圍，會使人感受到大自然的生態美，能使人產生回到遠古時代或非洲原始部落的幻覺，喚起人們嚮往自然、回歸自然、保護自然的審美情趣。因此，長隆酒店的主題文化營銷，關注的是精神上的滿足，心理上的和諧，這在人們越來越重視精神生活的今天，具有十分重要的意義。

3.鮮明的主題產品營銷

主題飯店營銷的重點是主題產品，主題產品是主題文化的一部分，是透過對原有主題產品的改進、新主題商品的開發或其他營銷手段，盡可能把更多的產品銷售出去，主要目的是追求更高的銷售額或利潤。長隆酒店的主題產品是客房和餐飲，但把藝術品的陳設單列出來，把它放在和建築、園林同等重要的位置，用自然、原始的材料，設計出耳目一新的作品；用不同的材料表現出人與動物和諧相處的主題，使遊客與在動物世界的遊園經歷相得益彰；飯店寬敞的空間設計和原始野味的裝修風格，能使客人在吃住等消費過程中，完美地體現人與動物的充分接觸、人與自然的完美結合、回歸自然的雅緻情趣；透過裝飾形象、裝飾色彩、裝飾空間的刻意營造，能將遊客在動物園與動物們共同嬉戲的感覺帶回酒店。

案例啟示

作為一種概念，飯店的主題本身較抽象，因而必須將主題有形化、具體化、生動化，直接的手段是藉助飯店的環境與裝飾藝術和服務來表現主題。主題營銷關鍵在於飯店如何選擇主題，及透過何種方式表現主題。長隆酒店與附近的長隆

歡樂園、野生動物園形成互相配套、相得益彰的一個整體。它選擇「大自然」、「野生動物」、「非洲原野」作為主題，是最適合、最貼切的，也是酒店主題的必然選擇。因此，主題文化的選擇是主題飯店的核心問題。選擇什麼樣的主題，進行怎樣的市場細分，直接關係到主題飯店的設計、經營、管理、客源、市場策略等各個環節。

儘管主題飯店較之於一般標準飯店有明顯的特徵差異，但是社會消費文化和顧客消費趨向是不斷發展和變化的，飯店產品要不斷更新換代。只有不斷地創新主題，不斷豐富主題的表現形式，不斷挖掘和擴充主題的內涵，創新主題策劃和主題活動，與時俱進，才能長期贏得市場的青睞，否則飯店主題終究要成為明日黃花，這在中國主題公園發展過程中有過深刻的教訓。

因此，主題飯店就有一個市場定位的問題。市場定位是主題飯店進行主題營銷與經營的基礎，是構建飯店核心競爭力的關鍵。主題飯店由於所需景觀特殊、用地面積大等特點，一般會建在地價相對較便宜的城市近郊。

長隆酒店的經驗告訴我們，定位要從客源實際和自身條件出發，根據不同情況做調整。長隆酒店最初是定位在渡假休閒市場，但經營一段時間後發現，渡假休閒市場只在節假日、週末需求才比較旺，造成平時客房住房率不高的現象。經過市場定位調整，將市場導向商務、會議方向。據了解，現在的經營狀況非常好。旺季如 7、8、9月分的客房住房率是100%，淡季的客房住房率也在70%以上，且平均房價在廣州地區五星級酒店中位居第一。

資料來源

王大梧・野生動物園裡的高檔酒店・中國旅遊報

案例思考

1.作為主題飯店，主題營銷的關鍵是什麼？

2.長隆酒店的主題營銷成功之處主要表現在哪幾個方面？

6-10 安徽飯店——全員營銷，走出困境

案例介紹

1.基本情況

安徽飯店是安徽省首家四星級旅遊國際飯店，位於合肥市西山風景區，擁有311間（套）客房，設有中央空調、電話、迷你冰箱、私人保險櫃、電視等，提供24小時客房服務。另有綠蔭吧廊、金碧酒吧和18個大小宴會廳。飯店設有功能完備的商務中心、健身中心、美容美髮中心、三溫暖室、撞球室、歌舞廳、保齡球館等服務設施。

2.實行全員營銷的背景

安徽飯店曾是中外合資的企業，因外資已經撤出，現由職員組建的金辰酒店管理有限責任公司管理著這家飯店。飯店職員不僅是工作人員，同時也是飯店的管理者，還是飯店的營銷人員。如今企業效益蒸蒸日上，職員凝聚力大大增強。然而，幾年前的安徽飯店曾是一個掙扎在破產邊緣的困難企業。安徽飯店開幕於1992年，最早的所有者是由安徽省內11家廳局單位及企業投資設立的有限公司法人。1993年，美國一家企業投資320萬美元入股，占總股本800萬美元的40%。這家中外合資企業1600萬美元的總資產中，有一半的資金來源於銀行貸款。在企業負債比例較高、還貸負擔沉重的情形下，合資外方先後挪占企業資金4000餘萬元，使得飯店雪上加霜，無力償還到期債務，企業經營難以為繼。到2001年4月，飯店已面臨破產危機。在員工們共同努力之下，飯店負責人提出了「職員救企業」的大膽設想，由員工入股，成立以員工為主體的獨立法人實體「金辰酒店管理有限責任公司」。雖然資產的所有權仍屬飯店公司股東，但是，員工有了資產使用權，在某種程度上也成了飯店的主人，企業效益與個人利益有了更加密切的關聯。員工也因此迸發出工作熱情和責任感，表現出主人的姿態。

3.實行全員營銷的措施

為了打破「大鍋飯」，進一步提高市場化水準和創收能力，飯店決定實行由全體員工參與的「大營銷」經營模式，並專門成立了領導機構，由總經理牽頭抓、帶頭抓。每個部門為一個自然小組，小組以負責人名字命名，業績一天一公布、一週一通報、一月一小結、每月一獎勵。個人第一名最多時獎勵5000元，成績優異者，獎勵出國旅遊。

2003年下半年，為了克服「SARS」帶來的影響，他們不僅動員職員以及家屬儘量在本店消費，而且動員一切社會力量來發展和擴大市場分額。他們響亮地提出了「500個員工，500個家庭，500個N次方朋友」、「一人在企業上班，全家為企業著想」的員工營銷口號，從而使飯店的每一位員工既是服務員，同時也是營銷員。職員們不僅動員自己的一切社會關係來宣傳企業，拉客來飯店吃飯、住宿，吃住過後還要做意見調查。全員營銷擴大了營銷管道，維護了企業和員工的利益，提高了對客戶的服務意識，增強了企業的凝聚力，也擴大了宣傳效果。如今，飯店經濟狀況大為好轉，已走上良性發展的軌道。

案例分析

在激烈的市場競爭中，「全員營銷」成為飯店贏得市場競爭的必要手段，而員工作為飯店重要的營銷力量，也已由簡單的個體，發展為飯店重要的營銷網路。那麼，什麼是全員營銷呢？

所謂全員營銷，是指企業所有員工與企業的產品、價格、管道、促銷和需求、成本、便利、服務等可控因素互相配合，以滿足顧客的各項需求；同時，全體員工應以營銷部門為核心，各部門統一以市場為中心，以顧客為導向所進行的營銷管理與活動。

「置之死地而後生」。安徽飯店的全員營銷也許是逼出來的，但「逼」出了員工對營銷的高度認同、積極參與和強力執行。其成功之處在於以下幾個方面。

1.建立全員營銷的機制

一是有領導小組，確立全員營銷的方案和策略，並將目標任務分散到部門和

個人，形成了「人人肩上有擔子，個個身上有壓力」的氛圍。二是建立全員營銷的訊息反饋機制。透過一天一公布、一週一通報、一月一小結、每月一獎勵等形式，及時收集業績情況和建議，加強了上下級之間、部門之間的溝通與交流。三是建立全員營銷的激勵機制，對業績突出的部門和個人給予現金或出國旅遊獎勵，大大激發了全員營銷的熱情。

2.形成全員營銷的認同度

安徽飯店不僅動員了全體職員及其家屬儘量在本店消費，而且動員一切社會力量來發展和擴大市場分額。其「500個員工，500個家庭，500個N次方朋友」、「一人在企業上班，全家為企業著想」的員工營銷口號，很有鼓動性，在統一認識、統一行動、統一身分（既是服務員，又是營銷員）上造成了凝聚作用，增強了營銷動力，並且建立了以「飯店—員工」、「營銷人員—員工」及「營銷部—其他部門」層面的溝通和引導機制，為全員營銷的高度認同生成奠定了堅實的基礎。

3.加強全員營銷的主動性

大多數飯店的職責和部門分工是十分明確的，大都有自己的營銷部，其他部門是從不關心營銷業務的。安徽飯店實施全員營銷，打破了部門界限，從而激發每位員工參與營銷的積極度與創造性，使他們能夠站在營銷人員的角度，運用營銷理論和知識來分析問題、解決問題，強化了員工的營銷意識。這不僅使員工在市場實踐與把握中感受、領悟飯店營銷戰略，還創造和諧的內部合作關係，增強了員工營銷思維的敏銳性。

案例啟示

全員營銷並不適合所有現代飯店，確切地說，比較適合非品牌的中小型飯店。因為中小型飯店（除了連鎖的經濟型品牌飯店之外）大多沒有明確的市場定位，無法進行品牌營銷，其全員營銷不失為擴大客源市場的良策。

那麼，如何有效地開發全員營銷的潛力，如何加強員工的飯店營銷觀念，充

分發揮全體員工的營銷作用，是全員營銷面臨的新課題。

首先，要加強營銷手段的管理。全體員工必須充分理解全員營銷的理念，了解市場需求、產品品質等，只有這樣，全體員工才能關注飯店產品的品質，才能將理念轉變為行為方式的整合，形成全員對產品的宣傳與推動作用，才能最大化地吸引消費者，以提高銷售量。

其次，要加強「營銷主體的整合性」管理。飯店即使推行全員營銷，也不能沒有營銷部門，營銷工作必須以「營銷部門」為核心（以「市場」為核心）開展工作，任何其他部門都要服務於「營銷部門」；非營銷部門應以「營銷的觀念」來規劃本部門的工作，以推動「整體營銷」。非營銷部門也應該向營銷部門學習，帶著市場競爭的觀念來開展工作，這樣才能最大化地提高部門工作效率。

總之，飯店推行全員營銷，重要目的是提高營銷能力，使飯店在市場經濟環境裡具有真正的市場競爭力，使飯店在內外競爭中煥發出生機和活力。

資料來源

1.程鷂，伍美．職工自救企業，走出破產困境．中國企業報

2.安徽飯店

案例思考

1.什麼樣的飯店適合推行「全員營銷」？

2.為什麼有些飯店推行「全員營銷」的效果不理想？

6-11 濟寧匯泉飯店——有創意的公關營銷

案例介紹

1.基本情況

濟寧匯泉飯店是由山東三聯匯泉旅遊股份有限公司投資並管理的商務型三星級飯店。位於有「孔孟之鄉，禮儀之邦」之稱的濟寧市。飯店經營面積近6000平方公尺，擁有134間個性化房間，所有房間均已接入互聯網網路，房間裝修風格家居化，設備設施齊全，功能齊備，另配有免費上網的電腦，能滿足商務客人高標準需求。

飯店自2000年開幕以來，依靠準確的市場定位和先進的管理模式，贏得了市場認可。

2.公關營銷措施

作為經濟型商務飯店，濟寧匯泉飯店面向中國國內一般商務客人，秉承「每走一步，首先想到的是賓客」的經營宗旨，管理上致力於推行管理精品工程，力求使每一個服務環節都達到完美境界；服務不尚奢華，竭力為賓客創造一個親切、隨意、便利、溫馨的「家外之家」，真正做到設身處地為賓客著想。為此，匯泉飯店幾乎每年都要在年底舉辦一系列公關營銷活動。

（1）「匯泉十大賓客排行榜」活動。濟寧匯泉飯店對全年累計入住時間最長的前10名賓客給予獎勵。此活動以客史檔案為原始依據，透過飯店電腦管理系統統計，按照賓客入住的天數和消費金額多寡來確定名次，按照名次先後向商務客人發放相應的獎品。此項活動已連續舉辦三年，受到了忠誠客人的認可。

（2）「賓客意見抽獎」活動。2003年，濟寧匯泉飯店共收到賓客意見1200餘份，對飯店經營管理水準和服務品質的提高發揮了積極作用。為答謝賓客的支持，飯店舉辦了「賓客意見抽獎」活動。為確保活動的公正性、權威性，除內部嚴格控制外，還專門邀請當地公證機關現場公證，並出具公證書。此項活動每年抽出15名幸運賓客，並頒發獎品。活動舉辦以來，受到住房客人的支持，提高了賓客參與飯店管理的積極性。

（3）溫馨走訪、拜訪活動。在聖誕節、元旦、春節將近之際，為進一步拉近與賓客的距離，濟寧匯泉飯店舉辦了一系列賓客感情公關活動。一是根據賓客檔案資料，對VIP客人進行走訪，送去匯泉的問候；二是對於距離較遠的賓客，透過電話、書信、E-mail、賀年卡、聖誕卡等形式，送去祝福；三是對節日期間

在濟寧匯泉住宿的客人，除了讓他們享受超值服務外，每天都由賓客關係經理、值班經理親自走訪，為客人排解節日期間的困難，讓客人切實感受到「在匯泉過節，就像在家一樣」。

濟寧匯泉飯店透過舉辦公關營銷活動，不僅讓客人得到了實惠，而且在較大程度上提高了飯店的知名度和美譽，贏得客人滿意，自2000年開幕以來，客房住房率基本在90%以上，2004年客房住房率更達到100%。

案例分析

公關營銷是一種憑藉對各種有利因素、有利資源的優化組合，透過舉辦各種公關活動，與新聞媒體、客戶、目標消費群等建立廣泛的聯繫，從而樹立良好公眾形象的方式。它不是推銷商品，而是推銷自我，目的在於吸引公眾目光，引起公眾關注，獲取公眾對飯店的理解、支持和好感，使飯店與公眾在各項商務活動中相互依存，建立起一種新型融洽的夥伴關係，因而，它具有非直接營利性和社會效益性的特點。

飯店公關營銷主要有社會公關、廣告公關、禮儀公關、會議公關、創意公關等形式。濟寧匯泉飯店的公關營銷具有社會公關的性質，主要體現了創意公關的特點。

創意公關是相較於傳統公關而言，傳統的公關方式是透過人為的輔助方式影響目標對象，從而建立關係，以達到宣傳推廣之效果。而創意公關是指透過策劃一些有創意的主題活動，以引起公眾的注意，使公眾透過口耳傳播的方式廣告，從而收到宣傳推廣之效果。

濟寧匯泉飯店舉辦的三大系列公關營銷活動，綜合來看，主要有三個特點：

1.創意指向明確

濟寧匯泉飯店的三大公關營銷活動，都體現了對客人的尊重和敬意，是用實際行動來體現「每走一步，首先想到的是賓客」的經營宗旨。這一公關方式自然能得到客人的關注和歡迎，一方面表達了飯店對客人的謝意，另一方面能在一定

程度上提高客人的忠誠度，並在更多潛在客源中贏得美譽。

2.運用激勵機制，拓展營銷市場

「匯泉十大賓客排行榜」、「賓客意見抽獎」活動，都是獎勵性的，在一定程度上能發揮鼓舞激勵作用。消費者大多有一定的趨利心理，能得到物質和精神上的獎勵之事當然樂意為之。飯店在活動的推出和頒獎時的造勢，對客源市場的拓展自然能造成一定的推動作用，使飯店在提升公眾形象，增加市場影響力方面事半功倍。

3.具有良好的互動性

匯泉飯店的公關營銷活動加強了與客人的交流、溝通與互動。如在年關節前舉辦的溫馨走訪、拜訪活動的效應是無形而巨大的。其一，可以讓客人接受飯店的產品及服務。其二，可以直接了解客人的消費心理與習慣。其三，在遇到銷售障礙時，公關營銷人員可及時發揮溝通與解決的作用。同時，公關營銷人員透過及時與客人交流，察覺客人或明或暗的反饋，進而因勢利導，不失時機地對客人做好後續服務，鞏固銷售成果。

案例啟示

1.公關營銷必須以賓客滿意為導向

賓客滿意是一種以賓客利益為本位的公關營銷導向。任何一家飯店，如果期望在以賓客為主導的市場上生存、發展，都必須在創造賓客、保持賓客、最大限度使賓客滿意的基礎上，追求利潤最大化。透過公關營銷，飯店可以加強與賓客的溝通，創造市場，找到與賓客的共同利益，以提供具針對性的產品與服務，贏得客人滿意。

2.公關營銷必須加強公關策劃

所謂公關策劃，就是根據公關目標，制定公共關係工作的規劃和實施方案。一般來說，公關策劃有六個環節，即審視境況、確定目標、選定公眾、選擇方案、預算經費、評定成效。在這六個環節中，確定目標是十分重要的一環。目標

模糊不清或選擇不當，就會有效率而無效益，正所謂「費了桐油不見光」。

3.公關營銷必須不斷創新

創新是公關營銷成功的重要因素。公關營銷人員應當具有創新思維，善於策劃出在本地本行業中別具一格的主題或活動。匯泉飯店的公關營銷是有一定創新的，如「匯泉十大賓客排行榜」，是吸引客人、刺激消費的有效形式，它表達的是飯店尊重賓客、完善自我的一種姿態，對提高飯店經營管理水準和服務品質大有益處。

目前，中國大多數星級飯店都設立了公關部或公關銷售部。然而，公關營銷水準在不同地區、不同檔次的飯店參差不齊。飯店應該提高營銷人員的公關意識，幫助他們掌握公關營銷技巧，才能使公關營銷在飯店經營中發揮應有的作用。

資料來源

劉際強·濟寧匯泉飯店年前回報顧客活動精彩紛呈·山東三聯集團網

案例思考

1.公關營銷在飯店營銷中有什麼重要的作用和地位？

2.如何才能使公關營銷具有創新性？

6-12 萬豪國際酒店集團——網路營銷戰略

案例介紹

1.基本情況

1996年，美國的《飯店》雜誌評出了全球十大飯店網站，僅有3家豪華飯店連鎖集團入圍。其中萬豪國際酒店集團排名第5，位居所有豪華飯店集團之首。

據《旅館和飯店國際》報導，萬豪酒店集團在1974年時僅擁有37家飯店，到1983年，在九年的時間裡，發展到了127家，擁有53846間客房。

1990年，由於中東石油危機和美國房地產不景氣，過度擴張的萬豪酒店集團負擔沉重，債台高築，資金困難，公司面臨被兼併的威脅。針對這一情況，公司果斷地決定一分為二，一家負責房地產與清償債務，另一家則變為純粹的管理公司，不負擔任何債務。後者即為萬豪國際酒店集團。這時，沒有債務的萬豪國際酒店集團運作極其靈活，從1993年分家到1999年4月止，萬豪國際酒店集團從784家的規模擴展到1800餘家，在2000年達到了2000家。萬豪在短期內的迅速擴張，主要透過購買獨立的中小著名飯店品牌來實現，目前其麾下的著名品牌有萬豪、萬麗、萬怡、里茲一卡爾頓、華美達、新世界和行政公寓等。

2.網路營銷戰略

自1996年1月開始，萬豪國際酒店集團推出網路營銷。這一年的網路營銷使預訂額超過了100萬美元，與同行相比，業績傲人。為了使客人能更快、更有效地瀏覽獲取訊息，萬豪隨後又對其網站做了一系列重要的修改。1997年6月，萬豪網站重新推出後，其月瀏覽量幾乎翻了一倍，從19.5萬人次增加到35萬人次。網上預訂金額在頭一個月就突破了100萬美元，全年網上收益在1500萬美元以上，比上一個年度增加了15倍。現在，萬豪來自於其網站直接預訂的銷售量與網路中介管道預訂量的比例已達到3：1。

萬豪網路營銷的成功，一方面得益於網際網路迅猛發展的大趨勢，但更重要的是萬豪網站「顧客至上」的設計和豐富及時的內容。萬豪的網路營銷主要有如下內容：

（1）交互式地圖系統。萬豪是第一家提供在線交互式地圖和定位系統的住宿業公司。上網瀏覽的顧客可以利用這種地圖系統，確定美國國內任何一家萬豪成員飯店的位置。一旦確定好地點，顧客就可以放大或縮小畫面，以瀏覽全貌或觀看細節。瀏覽者還可以在地圖畫面覆蓋範圍內，方便地將自己感興趣的公司、旅行社、娛樂場所等等訊息蒐集、整理出來。另外，只要輸入出發地和目的地，系統就會自動給出大概的駕車時間和往返的最佳路徑，並提供大量的當地訊息。

（2）簡便的預訂流程。萬豪採用了非常可靠的伺服器，以確保機密、敏感的信用卡安全無誤。而且只需區區幾分鐘，顧客就能順利安全地完成預訂，並獲得確認號碼。

（3）常客獎勵計畫。萬豪不僅為購買本公司產品和服務的顧客提供獎勵，同時把這種優惠給予購買其服務夥伴公司產品和服務的顧客。如Visa、美國運通（American express）、赫茲（Hertz，美國最大的租運公司）、美國電話電報公司（AT & T）等著名企業集團。由此，萬豪與合作夥伴形成了密切的戰略聯盟關係，使雙方的銷售能夠彼此促進，從而大大提高各自的市場競爭力。萬豪的這些舉措，受到了廣大旅客，尤其是公務旅客的歡迎。

（4）旅行社政策。旅行社是萬豪的重要顧客，萬豪充分考量他們的需要，旅行社只需在萬豪的預訂系統中輸入自己的國際航空運輸協會（LATA）代碼，即可獲得全部預訂佣金。

案例分析

萬豪國際酒店集團的網路營銷高速發展的根本原因，主要是網際網路方便、快捷、訊息量大的特點決定的。

第一，網路營銷可以為消費者提供一個有效的傳遞訊息平台，使飯店營銷具有更強大的訊息傳遞能力。如萬豪開發設計的網上交互式地圖系統，瀏覽者從中可以得到大量自己想要了解的訊息。

第二，傳統的營銷方法，很難確定哪些是真正需要自己產品或服務的人，但透過網路，飯店可以在最短的時間內確定自己的顧客，並將他們轉變成為自己的預訂客人。萬豪的網上預訂流程十分簡便，訪問者僅需幾分鐘，就能順利完成預訂，並得到預訂確認。

第三，網路營銷可以不受空間距離的制約，任何人在任何地方都可以透過互聯網預訂和購買。同時，為了使網路營銷得到具體的落實，萬豪推出「常客計畫」和旅行社政策，使網路營銷的覆蓋面不斷擴大，為集團內的飯店帶來了可觀

的業務量。

案例啟示

隨著電腦技術和網路通信的迅速發展和廣泛應用，網路正以革命性的力量改變著人們的生活方式。對於飯店業而言，其本身的特性與網路營銷有著天然的耦合關係，利用互聯網進行營銷，既是飯店的機遇，同時也是挑戰，是對飯店經營管理的考驗。

萬豪的成功案例顯示，網路營銷蘊藏著無限的商機，它為中國的飯店營銷帶來了新思路。積極建設訊息網路，重視網路營銷，利用訊息網路來開展工作，將是飯店業面臨的新課題。

網路營銷並非一門簡單的學問，與眾多的傳統營銷方式一樣，網路營銷需要從多方面把握。

第一，飯店要根據其產品、服務等特點設計網站，要體現網站的商務價值。很多飯店做網站只是應景，所建的網站並沒有真正體現飯店的產品性能、文化建設及商業價值，這樣的網站不會為企業帶來多大的效益。從營銷角度看，網站的設計要簡潔明瞭，讓目標客戶能很快找到自己所需要的內容。同時，要及時更新網站內容和訊息，吸引更多訪問者的目光。

第二，在銷售、信譽等方面要有保證，最大限度地滿足客戶需求。首先，飯店要明確自己的目標客戶，針對目標客戶的消費習慣設計產品，以最易到達的方式做產品營銷。同時，要保證信譽，最好和產品相關的組織做好站點連接，不斷強化自己的信譽。如萬豪與美國最大的旅行商運通公司形成了密切的戰略聯盟關係，使雙方的銷售能夠彼此促進，從而大大提高了各自的市場競爭能力。

第三，飯店要對自己的網站進行網路推廣，使自己的網站能夠很容易被目標客戶發現，以提高點擊率和預訂業務量。

網路營銷是一項系統工程，它不僅僅因為在營銷過程中，要採用一種全新的技術和手段進行商務運作，更是一種影響飯店未來生存的選擇，是現代企業的經

營能力和競爭實力的表現和反映。做好網路營銷工作，必要對網上的大量訊息資源進行深層次的價值開發。根據美國旅遊業協會統計，1997年網際網路上的旅遊銷售額為 8.2億美元，約有600萬美國人在網上預訂，2002年，網際網路上的旅遊預訂額則增長10倍。之後，隨著訊息技術和旅遊經濟全球化的不斷發展，網路營銷在中國飯店營銷中，將會發揮越來越大的作用。

資料來源

萬豪國際酒店集團

案例思考

1.相較傳統營銷方式而言，飯店網路營銷有哪些優勢？

2.中國飯店的網路營銷目前主要存在什麼問題？

6-13 喜達屋飯店集團——整合營銷策略

案例介紹

1.基本情況

美國喜達屋以其飯店的高檔豪華著稱，在全球的主要市場中，有著很強的品牌知名度，並在定價上處於領導地位。根據2005年7月美國《飯店》雜誌公布2004年的統計，喜達屋集團有飯店733座、客房230667間，列第8位，品牌為威斯汀、喜來登、聖·瑞吉斯、福朋、寰鼎、至尊精選、W飯店。

2.整合營銷策略

作為飯店業豪華高檔細分市場中最大的飯店集團，喜達屋飯店的規模有力地支持著它的核心市場營銷和預訂系統。喜達屋飯店在把重點放在豪華高檔細分市場的同時，其各種品牌分別側重於該市場中不同的二級市場。

喜達屋飯店都有良好的選址，主要分布在大城市和渡假區。飯店選址的標準是：所在區域的發展史顯示，該地區對提供全方位服務的豪華高檔飯店有大量、持續增加的需求。

喜達屋飯店集團的最終經營目標在於利潤和現金流量的最大化。為了達到這個目標，喜達屋不斷地採用大膽創新的營銷管理理念，勇於開拓新市場，營銷文化創新主要表現在以下幾個方面。

（1）緊跟營銷市場變化，調整集團品牌的市場定位，進一步提高品牌知名度。透過更換一些為集團所有飯店的品牌，分別歸入喜來登、寰鼎、福朋或新的聖．瑞吉斯旗下，進一步擴大品牌的聲望及市場分額，從而增加可售客房的平均收入，提高經營效率。

（2）將喜來登、聖．瑞吉斯、寰鼎和福朋的品牌，加盟給經過挑選的第三方經營者經營，從而擴大集團飯店的市場分額，提高飯店品牌的知名度。

（3）將由集團擁有的、管理的、連鎖經營的飯店，整合納入一個單一的、多品牌的預訂系統，協調全球的銷售部門，透過增加集團網際網路上的訊息發布、影響力和銷售能力來增加收入和利潤，並提高服務品質。

（4）實施集團的常客方案。喜達屋飯店集團積極推出集團性「飯店常客計畫」，名為「喜達屋嘉賓」（Starwood Preferred Guest）。宣傳口號是「具有無可比擬競爭優勢的常客項目」：凡參加該計畫的商務旅客，可以在該集團分布於60個國家的550家飯店及渡假地，透過住宿贏得分數並兌現獎勵。客人在飯店花費一美元，即可贏得兩分。至於獎勵，客人有兩種選擇，一是免費住宿，一是折算成飛行里程。喜達屋與20家航空公司合作，因此兩分可折算成一哩。飯店的獎勵還包括隨時入住、沒有任何限制，包括飯店的旺季在內。1999年10月，此方案剛實行就非常成功，住房率比上年同期增加了4倍。喜達屋在推出此方案的第一年就囊括多項大獎，獲得了九項最高榮譽獎中的五項。它被Freddie Awards評為1999年度最佳飯店常客計畫，還被授予「最佳顧客服務」、「最好的網站」、「最佳高層顧客方案」、「獎勵方案最佳實現」等榮譽。另外，喜達屋的「喜達屋嘉賓」方案，還被「今日美國」（USA Today）譽為最好的飯店獎勵方

案。

（5）透過綜合整理集團所有自有客人的資料庫，加強營銷的力度，向現有顧客推銷其他更多的產品，提高客房住房率，並且創造出新的市場營銷機會。

（6）新創定位時尚個性的W飯店品牌。W飯店是喜來登集團新創的一個四星級飯店品牌，有專門為商務客人而設的設施和服務，並與獨立精品飯店的特點相結合，定位在70%～75%的個體商務旅客，和 15%～20%的商務小團隊旅客的目標市場。第一家W飯店已於1998年12月在紐約建立，計畫在舊金山、芝加哥、亞特蘭大、洛杉磯和紐奧良修建更多的W飯店。喜達屋集團計畫於2009年在中國上海建立一家W飯店。

案例分析

1.緊跟市場變化，調整營銷策略

市場是千變萬化的，如何適應市場變化是決策者必須關注的問題。市場定位是相對的，並不是一成不變的。喜達屋飯店集團一直定位於高端市場，注重的是品牌營銷。而它的品牌有七、八個，由於品牌太多，難以形成更準確的定位，於是對一些為集團所有的飯店品牌進行整合，分別將其歸入喜來登、寰鼎、福朋或新的聖．瑞吉斯旗下，這樣就進一步擴大了品牌的聲望及市場分額，從而增加可售客房的平均收入，提高了經營效率。

2.形成拳頭，強化營銷力度

喜達屋集團的營銷「拳頭」，就是統一飯店預訂系統。將喜達屋集團所擁有、管理和連鎖經營的飯店，統一納入一個單一的、多品牌的預訂系統，並將訊息集中在集團的網際網路上，進行整合營銷傳播，可以增強其影響力和銷售能力。這一方面可以使整個集團共享資源，「肥水不落外人田」；另一方面，客人也可以根據自己需要，在任何地方預訂喜達屋飯店所屬品牌的任何飯店，喜達屋客人的選擇性很大。此外，建立集團所有客人的資料庫，向現有客人推銷其他更多的產品，進一步加強營銷力度，提高了客房住房率。

3.創新整體營銷方案

喜達屋飯店集團聯合推出集團性「飯店常客計畫」，是具有創新性的整合營銷方式。與20多家航空公司合作，將客人的點數折算成航空里程，並透過住宿贏得分數，且兌現獎勵的措施，受到了客人的歡迎，也得到了超額的回報和一系列榮譽。此外，具有時尚個性的W飯店，將目標市場進一步細化，創造出新的市場機會。

案例啟示

喜達屋的整合營銷是相當成功的。那麼，什麼是整合營銷呢？

所謂整合營銷，是指綜合考量市場營銷的四要素——產品、價格、管道和促銷，運用靈活而又獨具特色的銷售組合，達到最佳營銷效果。整合營銷著眼於營銷活動的結果，以要達成的營銷目標為前提，透過對全局的考量，合理安排各種營銷活動和使用各種營銷工具，使整個營銷活動處於有組織、有秩序的狀態。事實上，整合營銷的策劃，如同一位高明的棋手，走一步，看十步，使營銷活動的發展不再像以往那樣處於一種走一步看一步的狀態，而是使營銷活動按照自己的意圖逐步實現。

值得注意的是，整合營銷活動必須建立在詳盡的、科學的市場調查的基礎上。現代營銷策劃活動，已經由經驗規劃，轉向追求精確數量化效果的科學規劃。從這個意義上說，一個營銷策劃活動就如同一件經過精確設計的機械產品，各個細節都得到嚴密的控制。一個環節出問題，將影響全局。因此，要使整合營銷策劃活動達到自己的期望，每一步都要以科學的預測和決策為基礎。

整合營銷的理論是1990年代中期提出的，發達國家，特別是美國的飯店業，運用該理論來管理市場營銷，獲得了不少成功經驗，喜達屋的成功經驗足以說明整合營銷的威力。從21世紀飯店營銷發展趨勢看，運用整合營銷方式，可以強化品牌威力，提升品牌價值，謀求競爭優勢。

從喜達屋集團的整合營銷策略中，我們可以得到以下三點啟示：

第一，整合營銷將經營重點從爭取顧客轉為維持並增加顧客群，使之成為飯店發展鏈上的一個組成部分。顧客與飯店一方面共謀各自利益，另一方面又共同發展。

第二，整合營銷將飯店與顧客以及其他關係利益人之間進行雙向溝通，而不只是單向傳播，為了企業自身的利益。

第三，整合營銷將營銷視為經營哲學或觀念，而不是一種功能。透過實施「雙贏」理念，飯店可以不斷改善與各類顧客之間的關係。

資料來源

趙煥焱．跨國集團12強：喜達屋．中國不動產

案例思考

1.什麼是整合營銷？

2.喜達屋集團可以進行整合營銷，那麼，單一飯店是否可以進行整合營銷？為什麼？

6-14 萬豪國際酒店集團——價格營銷的新舉措

案例介紹

1.基本情況

萬豪國際酒店集團（以下簡稱「萬豪國際」）是全球著名的飯店管理公司，業務遍及美國及其他67個國家和地區，管理超過2800家飯店，提供約490500間客房。該公司的總部設於美國首都華盛頓特區，在全球共有員工128000人。萬豪國際在2003年的營業額達到了90億美元，並被《財富》雜誌評為飯店業最值得敬仰的企業和最理想的工作飯店集團之一。

目前，萬豪國際在中國內地和香港，透過JW萬豪飯店及渡假飯店、萬麗飯店及渡假飯店（豪華飯店）、新世界飯店（優質飯店）、萬怡飯店（中高價飯店）和萬豪行政公寓（長租飯店）等5個品牌管理著22家飯店，提供8789間客房。此外，萬豪國際還透過華美達國際飯店及渡假飯店這個品牌，在中國管理著11家飯店，提供 3175間客房。到2006年底，萬豪在中國區管理的飯店已突破37家，提供13237間客房。

2.價格營銷措施

從2004年1月1日起，萬豪國際在全球所屬飯店實施了一項名為「萬豪最優惠房價保證」的新舉措。根據此項計畫，客戶透過任何萬豪國際客房預訂管道，預訂2500家飯店住宿服務的時候，都將獲得最優惠房價，這些管道包括萬豪國際全球預訂系統、Marriott.com網站，或者直接向萬豪國際預訂。萬豪國際是全球第一家在所有客房預訂管道都提供最優惠價格全面保證的飯店集團。客戶透過萬豪國際預訂了客房，在24小時內，如果在其他管道，包括互聯網旅遊網站、旅行社、旅遊管理公司，甚至是萬豪集團，發現相同飯店、相同客房類型和相同時間有更低的公開價，該萬豪飯店將讓客戶享受這個更低的房價，並且額外再打七五折。

萬豪國際透過市場調查，發現旅客一般會花費半天時間，比較不同預訂管道所提供的客房價格，以便尋找最優惠的房價，而且目前大部分旅客都不是透過互聯網預訂客房。萬豪房價的推出，可以省卻旅客貨比三家的時間，放心享受最低房價。

萬豪國際最優惠房價保證讓所有旅客都可享有最優惠房價，而其他主要飯店集團只提供互聯網預訂管道的最優惠房價保證，或網路預訂管道的最優惠房價保證，然而對那些喜歡透過傳統管道，例如旅行社、電話預訂中心或來飯店訂房的旅客來說是不利的。

萬豪國際的這個舉措強化了該飯店集團的「統一客房供應」經營方針。隨著萬豪國際在網路預訂系統方面投入的越來越多，以及越來越先進，全球萬豪房價的調整在幾秒鐘內就會在網路預訂上顯現出來。現在，萬豪國際高調推出最優惠

房價保證，就是要讓旅客的利益不受損失，讓他們透過不同萬豪預訂管道所取得的客房收費標準及供應情況訊息都一致。「統一客戶供應」這個方針，也能確保旅行社、全球預訂系統和旅遊管理公司能夠獲得萬豪國際所提供的最優惠房價。

案例分析

價格是市場營銷因素組合中最靈敏、最重要的因素，可謂牽一髮而動全局的「市場調節器」。價格的制定及其策略的運用是否合理，直接關係到飯店營業額的增減、競爭力的強弱、市場占有率的高低，乃至飯店經營的成敗。因此，飯店的定價及其價格槓桿的運用，已成為飯店營銷的重要手段之一。

萬豪國際的價格營銷主要有兩個特點：

1.異質異價

萬豪國際有多個不同層次的品牌飯店，有高價的豪華型飯店，如萬豪飯店及渡假飯店、萬麗飯店及渡假飯店，它們的房價自然不菲；有優質的高價飯店，如新世界飯店；有中高價型的飯店，如萬怡飯店；也有優惠型的長租飯店，如萬豪行政公寓。價值決定了價格：價值高，價格也高。反之亦然。這也就給廣大消費者提供了選擇的空間。客人可根據飯店的價值和自己的需求來選擇不同的飯店。

2.同質優價

萬豪國際價格營銷的目的，就是要使客人找到「物有所值」之感，也就是在同類型的飯店中，它的價格是最優的，並且保證，如果客戶透過萬豪國際預訂了客房，卻於24小時內在其他管道，包括互聯網旅遊網站、旅行社、旅遊管理公司甚至是萬豪集團，發現相同飯店、相同客房類型和相同時間有更低的公開價，該萬豪飯店將讓客戶享受這個更低的房價，並且額外再打七五折。這一「萬豪最優惠房價保證」的價格營銷舉措，是在給出的前提條件被消費者接受的情況下，才打一定的價格折扣。

萬豪國際的價格營銷是利用價格因素主動出擊，並透過競爭獲取盈利的一種方式，因而具有一定的競爭優勢。

案例啟示

飯店產品的價值是制定價格的基礎。但在現實市場中，飯店價格的形成會受許多因素影響，因而價值與價格在一定的情況下並不總是一致的，而是相對的：有時價格高於價值，有時價格低於價值，價格在價值規律的作用下波動起伏。同時，市場是影響價格浮動的關鍵因素。貨幣價值、供求關係、競爭對手、中間環節以及消費者的心理因素等，都會對飯店的價格產生影響。這就要求飯店價格要適應市場的變化。比如，價格變動，時常影響著顧客對飯店服務檔次和品質的看法。當購買無形服務時，價格較高，顧客往往會認為品質較高，有價值；反之，顧客會認為品質相對較低。也就是說，價格可以使顧客對整個飯店形成不同的概念。如顧客時常根據價格的層次差異，而把飯店分為只提供簡單住宿的經濟型飯店，和為顧客提供全面服務的豪華型飯店，根據價差所形成的不同品質概念來判斷飯店的星級。對於收入較高的消費者來說，如果價格過低，就會貶損飯店的產品品質和形象。此外，價格的品質指示作用，又可把同類型的飯店區別開來。例如，萬豪國際根據顧客不同的品質概念而設定相應的價格，透過價格來改變顧客感覺中的價格概念，以區別於直接競爭對手。

飯店在採取價格營銷時，必須注意不要陷入削價競爭的怪圈。所謂削價競爭，是指飯店為改善產品的交易條件和增加銷售量，而單純以降價讓利為手段的競爭。價格是一種競爭的手段，但不是唯一的手段。在與同行競爭時，只有以適銷對路取勝、以同質優價取勝，才是最具有競爭力的營銷策略。萬豪國際在這方面為我們做出了榜樣。

資料來源

柏忍冬．萬豪集團推出全新房價舉措．北京現代商報

案例思考

1.飯店在進行價格營銷時應注意什麼問題？

2.如何制定價格營銷戰略？

第七章 飯店跨文化溝通

文化是知識、經驗、信仰、價值觀、世界觀、處世態度、社會階層結構、宗教、時空觀念、社會角色以及物質財富等的積澱，是一個大的群體透過若干代的個人和群體努力而獲取的，表現為一定的語言模式、審美情趣、價值觀念、消費習俗、道德規範、行為習慣和生活方式，並受一定地理環境的限制。它影響、作用於每一個生活於該文化環境內的人。因此，處於相同環境的一群人，其語言、行為習慣和生活方式，必定深受文化的影響而呈現大同小異的形態和特點。而承襲不同文化的一群人，必定也會因文化差異而表現出不同的語言、行為習慣和生活方式。

隨著社會經濟蓬勃發展，人們交往的機會不斷增加，跨文化顯得越來越重要了。跨文化並不是什麼新鮮事，不同文化背景的人彼此往來，就存在著跨文化的問題。飯店作為服務業，是「親密」接觸五湖四海賓客最多的地方，也是跨文化交流與溝通最密集、最頻繁的場所。一方面，由於消費者文化背景不同，地理空間上的隔離，以及價值觀念、生活方式、行為習慣的差異，如何相互理解和溝通，成了經營服務中必須面對的問題。另一方面，隨著合資、合作、獨資飯店如雨後春筍般在中國各地建成開幕，經營管理人員來自不同的國家和地區，其社會政治法律制度不同，文化背景不同，由此而形成的經營理念、管理決策思維等，也有著很大的差異，飯店的跨文化問題難免會突顯出來。因此，正確認識跨文化差異，加強跨文化管理，對於建立和諧的飯店文化，有著極為重要的意義。

本章所剖析的，都是飯店跨文化溝通過程中所發生的案例，都有一定的代表性。其中，有消除跨文化障礙而實現和諧飯店跨文化的案例，也有因文化差異而造成「美麗誤會」的案例，和因管理文化差異而出現問題的案例。透過對這些案例的分析，我們可以進一步認識到跨文化溝通在飯店文化建設中的重要性和作

用，都是不可忽視的。

7-1 昆明泰麗國際酒店——文化差異引來的誤會

案例介紹

1.基本情況

昆明泰麗國際酒店是由雲南通信股份有限公司全額投資5億多元建設的四星級商務酒店，坐落於中國昆明市東部商業中心，樓高29層，擁有521間（套）能滿足商務旅行、行政辦公用途的豪華、舒適客房，和大型中、西餐廳及娛樂設施；另有8個大小型會議室及600多平方公尺的多功能廳，配備有6種語言的同步翻譯系統，可承接中國國內外大型商務會議和宴會。

2.案例描述

昆明泰麗國際酒店作為國際飯店，每天都要接待不少外國人。一天，一位西方客人搭車來到酒店，車上有很多行李，一位擔任禮賓員的實習生馬上推著行李車為客人搬運行李，並帶客人在櫃檯登記完畢，又將客人帶領到房間，並把行李搬進房間。這位實習禮賓員的禮貌、微笑和服務，使客人感到非常滿意。出於感激，這位性格開朗的客人欲行擁抱禮。實習禮賓員一時沒有反應過來，本能地用手推開了客人。這一舉動使這位客人十分尷尬，事後向大廳副理投訴，說這位禮賓員不懂禮貌。大廳副理在弄清事情原委後，便將實習生叫來，向他解釋客人擁抱的原意和西方的禮節習俗。這位實習生很後悔自己的舉動，表示自己並沒有不尊重客人的意思，只是不習慣。於是，大堂副理便帶著實習生來到這位客人的房間，向客人送上一盤水果致歉，並解釋中西方文化差異帶來的誤會。這位客人聽後，也為自己的冒昧表示歉意。幾天後，客人要退房了，大廳副理特意安排這位實習生在門口等候。待這位客人到大廳結完帳經過門口時，實習生代表酒店為客人送上了一份精美的紀念品，客人很高興地接受了。當客人再次擁抱時，這位實習生愉快地接受了這個來自異國的隆重禮節。客人道別時說，這是一次快樂的住

房經驗，他將把這個美麗的誤會故事告訴家人，讓他們一起來分享自己的快樂。

案例分析

實習生與西方客人之間發生的「美麗誤會」，是東西方文化差異造成的。要消除這種文化差異，必須對東西方文化有一定的了解和認識，才能在飯店服務妥善處理。

作為飯店服務人員，講究禮儀是必備素質。在飯店跨文化溝通過程中，言行舉止都反映出一定的民族文化習俗。由於文化背景不同，同樣的語言內容可能會產生不同的結果。

擁抱屬於肢體語言。肢體語言是肢體動作和身體接觸所表達的語義。身體哪些部位可以觸及，哪些部位不能觸及，各國不盡相同。西方文化中，擁抱是很平常的禮節，可表示親密，也可表示感謝和友誼。中國人由於文化差異，對這種語義有不同的理解，一般不願意與不大熟悉的人擁抱。但是作為飯店服務人員，又必須尊重西方客人的習慣，不可拒絕，必須有禮貌地接受。作為一種職業行為，接受擁抱也未嘗不可，沒有必要簡單地予以拒絕。

中西方除了在禮儀文化方面有差異之外，在價值觀、道德觀、審美觀、消費觀、年齡觀，以及宗教、飲食、生活習慣等方面，都有不同程度的差異。這些都是在飯店經營與服務中必須引起高度注意的，以免造成誤會和麻煩。作為國際飯店，還必須加強對所有員工的跨文化知識培訓。

案例啟示

中國是禮儀之邦，歷史典籍上有關禮儀的記載不勝枚舉，這在日本、韓國保留了不少。

現在，在人際交往中，尤其是跨文化的人際交往中，不同文化背景的人，對不同的禮節常常有不同的處理方式。如東方人的禮節常常表現在送禮上，禮品包裝得十分精緻，受贈者一般不當面打開禮品包裝看；美國人送禮給朋友，一般會

保留包裝和價格標籤，還會附上購物發票。如果朋友不喜歡，可以事後拿著發票去換別的商品，或者乾脆要求退貨。中國人遇見熟人時喜歡問：「吃了嗎？」、「到哪兒去？」顯得很隨意；日本人則除了口頭問候之外，還要不停地鞠躬，顯得彬彬有禮；美國人則是既隨意又簡單，見面一句「Hi」或「Hello」就行了。美國傳教士亞瑟．亨．史密斯在《中國人的性格》一書中，曾這樣描述中國禮儀和西方禮儀的差異：「西方人對中國人的禮貌之所以不欣賞，是因為我們心中有一種觀念，這就是『禮貌是某種善意的真誠表達』……禮貌用語的制定和使用，目的只在於維護既定的尊卑關係。這在西方人看來，即使不令人發瘋，也會令人不知所措；而在中國人看來，這對於保障社會秩序是至關重要的，而且也是調解人際關係的潤滑劑。」

因此，了解和掌握飯店跨文化中不同的禮貌禮節，是每一位飯店工作人員必不可少的基本工。尊重客人的文化，既有利於溝通，提高服務水準與品質，也能體現飯店和個人的良好形象和素質。

資料來源

昆明泰麗國際酒店

案例思考

請舉例説明在飯店服務過程中，必須注意哪些中西方文化的差異？

7-2 深圳富臨大酒店——為何外來的「和尚」沒唸好經

案例介紹

1.基本情況

深圳富臨大酒店是深圳唯一一家中方自行管理的五星級商務、會議型酒店，

現在仍屬於美國洲際酒店及渡假村集團成員，但由中國人自主管理。其歐式建築樓高28層，擁有541間舒適客房及豪華套房，其中3層為商務客人專有「洲際俱樂部」行政樓層。另有功能齊備的國際會議中心和6間餐廳，以及休閒服務設施。

自1990年正式掛牌營運以來，深圳富臨大酒店先後接待過50餘位國家元首及政府首長，順利完成了香港回歸期間的預備委員會、籌備委員會、APEC高官會議政府招待酒會等重大接待任務，2005年被亞洲資本論壇接受為定點酒店之一，並在2006年成為世界牙醫博覽會指定入住酒店之一，和深圳會展中心的唯一外賣酒店。

2.美國洲際受挫

富臨大酒店1989年試營運時為四星級飯店，委託具有50多年酒店管理經驗的美國洲際集團管理，但在之後長達六年的管理中，美國洲際集團並沒有為富臨大酒店帶來較好的經濟效益，加上後來附近幾家高星級飯店相繼開幕，使富臨大酒店的經營更是雪上加霜，沉重的債務壓力促使董事會毅然決定於1996年1月收回「當家權」，酒店一些員工一下子似乎有了「翻身得解放」的感覺。

中方認為，美國洲際管理集團在酒店管理上確有其獨到之處，譬如，注重酒店的硬體設施，在維護保養方面不遺餘力，並善於引用最新科技成果，如客房內裝有先進的自動更換空氣系統，保持空氣清新等。但是，他們的失敗之處，主要在於不了解中國國情，不了解中國特有的文化背景，不注重跨文化之間的交流與溝通，顯得嚴肅而傲慢的外方管理人員與中方人員之間形成了一道鴻溝，以致酒店管理運行不到位，特別是成本控制和人力資源開發上嚴重失誤。六年中，幾乎所有部門經理都是外籍人員，竟沒有培養任何一名中方中階層以上管理人員。

中方接管之後，首先沿用了洲際集團規範和管理制度的合理部分，摒棄了其中不符合中國國情的經營方式，一方面加強成本控制，取消了不合理的福利開支，堵塞財務漏洞，如過去員工出門無論公私都搭計程車，可報銷車費、供應員工礦泉水等，並將原先洲際集團管理時，只在總經理和財務總監之間進行的財務分析活動，擴大為各部門經理每月都參加。財務分析報告不僅增加了部門經理的

財務知識，更增強了成本觀念。另一方面，注重人力資源的跨文化管理，對內部員工採取請外國管理專家進來，送酒店員工出去的培訓方式，大膽使用中方幹部。一年後，「富臨」不但沒有倒下去，反而邁出五星級酒店由中方管理取得成功的第一步。在中方接管後的1996年到1997年短短兩年中，先後成功接待、舉辦了一系列大型宴會和會議，其中江總書記宴請古巴總統卡斯楚的國宴，香港特別行政區籌委會、預委會、臨時立法會的接待等，都圓滿成功。宴會收入從外方管理時的年收入500多萬元，增加到了1996年中方管理時的1000萬元，收入總額翻了兩倍。1996年到1997年的經營指標顯示，利潤率接近30%，達到歷史最高水準，2001年其經營指標名列深圳賓館酒店前10名，連續五年被評為深圳羅湖區納稅大戶，酒店入住率高達81%，利潤增長幅度高達45.8%。

案例分析

美國洲際集團曾經在深圳富臨大酒店「敗走麥城」。美國洲際集團當時在富臨大酒店經營管理失敗的原因是多方面的，其中，與它剛進入中國不久，不熟悉、不了解中國國情，不能結合中國飯店進行跨文化管理有很大關係。具體來說，主要是如下幾個方面的文化差異因素造成的。

1.價值體系的差異

東方文化的價值取向是重群體、重道德、重實用，西方文化的價值取向則重個體、重科學、重思辨。洲際集團在富臨大酒店「重個體」的具體表現是，重視員工福利，如供應員工礦泉水，員工可以核銷計程車資等，但這種「福利政策」在中國管理者看來，有其管理科學的必要性，但卻增加了管理成本，而在洲際集團的管理者看來不必計較，只要員工把工作做好，給員工一定的福利待遇是理所當然的。但由於過高地估計了員工的自覺性，結果出現了公私不分和不必要的浪費現象。另外，洲際集團的管理理念來自西方文化，其「重科學」的表現之一，是善於引用最新科技成果，如不惜成本安裝先進的自動更換空氣系統等。這在當時生活品質標準不是很高、且在「重實用」和節儉的中國人看來比較超前，甚至是多餘的。於是文化價值體系上的各種差異，在實際工作中顯現出來了，使得中

方一接手，就做了調整和更改。

2.管理制度的差異

中國的管理文化具有較強的適應性、靈活性。但是，過於靈活的必然結果是不重視正式制度的建立和實施，對環境變化採取實用主義的態度。因此，管理制度常常不受管理者重視。管理者執行制度時，常因所謂特殊情況或需要而變通執行，制度的作用被弱化，企業管理多依賴於「人治」。這樣，管理者個人在道德、知識、能力等各方面的素質，就決定了其管理能力和水準。西方管理文化則以制度為基礎，講究原則，追求效率，但是也存在著不可避免的缺陷，如過於機械，缺乏必要的靈活性等等。這樣，在中國員工看來，外方管理人員是「傲慢」的，不可理喻的。因此，中方員工對外方管理人員自然就有一種敵視或不配合的態度。外方管理人員走了之後，富臨大酒店一些員工之所以有「翻身得解放」的感覺，就是因為中方員工多年來習慣了自己原有的管理制度，無法適應西方的管理制度，所以一旦外方撤離，就有一種鬆綁的感覺。但中方接手以後，並沒有鬆懈管理，而是沿用了洲際集團管理制度的合理部分，經營管理進一步加強了。也許中方管理階層更懂得如何管理中方員工。

3.營銷文化的差異

中國人的營銷文化早期是「酒香不怕巷子深」，產品營銷意識不強。隨著市場經濟體制的建立，營銷的意識有所增強，但由於大的市場條件不成熟，中國飯店大多注重關係營銷，而品牌營銷意識還不是很強。如，洲際集團在管理富臨大酒店六年的時間裡，宴會的收入只有500多萬元，而中方接手後，僅一年的時間卻上升到了 1000多萬元。這當然得益於其準確的定位和一系列卓有成效的營銷措施。但為什麼洲際集團在這方面不如中方呢？原因是多方面的，但營銷文化的理念差異是明顯的。洲際注重的可能是品牌營銷，當時這樣的營銷方式在中國飯店市場並不特別吃香。而關係營銷在中國這個重視人際關係與感情溝通的文化背景下，尤其在同異化競爭十分激烈的情況下，是比較常見且有效的方式。

4.經營環境的差異

富臨大酒店面臨的是一個在諸多文化差異之間進行生產活動的經營環境，它

所面臨的經營環境，包括經濟環境、政治環境、法律環境、社會環境、文化環境等。其中文化因素對酒店運行來説，影響力是全方位的、全系統、全過程的。在富臨大酒店的內部環境中，各種文化相互交叉結合，來自不同國家和地區的經理、職員之間有地域文化、傳統文化等方面的差距，由此產生的問題也就越積越多。此外，由於管理分級、分層、分部，加上文化總體本身及環境特性，必然形成一定的小團體文化或次團體文化。加上洲際集團在管理富臨大酒店的六年中，不注重跨文化之間的交流與溝通，沒有實施「人才本土化」戰略，以至六年時間裡沒有培養任何一位中方經理，於是各種因素使外方管理人員與中方人員之間形成了一道鴻溝。

隨著中國市場經濟不斷完善，洲際集團在中國飯店進行跨文化管理的經驗也越來越多。它後來與深圳威尼斯酒店的合作則是十分愉快而成功的，摸索出在中國進行跨文化管理的新路子。關於這一點，將在下一個案例中解析。

案例啟示

1.必須承認並理解客觀存在的飯店跨文化差異

洲際集團之所以在深圳富臨大酒店「敗走麥城」，首先是因為雙方沒有承認並理解客觀存在的飯店跨文化差異，沒有重視跨文化差異所帶來一些或明或暗的摩擦和衝突，最後導致效益不佳而被迫撤離。因此，無論是中方還是外方，都要克服狹隘的經驗主義思想，重視學習和了解不同文化的語言、文化、經濟、法律。同時，要理解文化差異是增強跨文化管理能力的必要條件。對不同類型的文化差異，可以採用不同的對策和措施。如因管理風格、方法或技能的不同而產生的文化差異和衝突，可透過互相傳授和學習來加以改變；如因生活習慣和方式不同而產生的差異和衝突，可經過一定的磨合期，透過文化交流解決。但是，人們的基本價值觀念差異一般在短時期內是難以改變的。只有把握不同的文化差異，才能提出解決文化衝突的辦法。

2.要把文化差異看成是一種優勢而不只是一種劣勢

有文化方面的差異並不一定是壞事，恰當地、充分地利用不同文化所表現的

差異，其實能為事業發展創造契機。任何事物都有兩面性，跨文化為飯店帶來了跨國家跨地區發展的機遇，但同時也帶來了更多挑戰。不同的文化背景、不同的思維方式，可以提出不同的意見建議，可以使管理者多角度考量問題，可以在碰撞中產生新的思想火花，從而創造出具有特色的飯店文化。因此，飯店跨文化中的矛盾和衝突，只要正確對待，不僅不會形成障礙，反而會成為飯店的發展和創新的動力。

3.要充分認識跨文化管理的關鍵是人

一方面，跨文化管理的客體是人，即飯店的所有人員，包括經理以上的管理人員和普通員工。跨文化管理的目的，就是要使不同的文化融合，形成一種新型的文化，而這種新型的文化只有根植於飯店所有員工，透過員工的思維、價值觀、行為方式才能體現出來，才能真正實現跨文化管理的目的，否則跨文化管理就會流於形式。另一方面，實施跨文化管理的主體也是人，即飯店的經營管理人員。如跨國酒店管理公司的母文化可透過產品、經營模式等轉移到國外分公司，但更多的是透過經營管理人員轉移到國外分公司，在跨國公司的資源轉移中，除了資本以外，就屬經營管理人員的流動性最強。因此，飯店跨國管理公司的跨文化管理，要強調對人的管理，既要讓經營管理人員深刻理解母公司的文化，又要選擇具有文化整合能力的經營管理人員，到國外分公司擔當跨文化管理的重要職責，同時要加強對所有成員的跨文化管理，讓文化真正在管理中發揮重要作用。

資料來源

李萌．深圳富臨大酒店：中方當家重獲生機．飯店世界

案例思考

1.你認為洲際集團與富臨大酒店的跨文化差異，除了體現在價值體系、管理制度、營銷文化等方面之外，還存在哪些文化上的差異？

2.如何才能消除飯店經營管理中跨文化的差異？

7-3 深圳威尼斯酒店——飯店跨文化管理模式

案例介紹

1.基本情況

深圳威尼斯酒店是中國首家威尼斯文化主題商務渡假型酒店，開幕於2001年，由華僑城集團投資興建，樓高17層，位於深圳灣畔風光秀麗的華僑城。酒店擁有376間舒適客房，其中有3層商務客房。客房設施按五星級酒店標準配置，所有房間均有衛星電視，以及國際互聯網路服務系統等現代化設施。另有威尼斯宴會廳、特維里廳等大小7個會議宴會廳和休閒、服務設施。

2.跨文化管理模式

華僑城集團以管理合約的方式，委託洲際酒店管理集團管理威尼斯酒店。開幕以來，威尼斯酒店創造了一個引進國際先進酒店管理的經驗，並使其逐漸本土化的成功範例。

在同業競爭日趨激烈的今天，華僑城集團把握市場脈動，在成功建設和經營4家主題公園之後，不斷創新發展，相繼推出旅遊主題地產概念，並以前瞻性眼光把主題飯店作為飯店業發展的基本思路，引入威尼斯「水」文化，打造了一家獨具特色的主題酒店。在創新發展的基礎上，華僑城博採眾長，在飯店建設初期就引進洲際集團，採納他們對酒店布局、配套設施、客房布置等方面的意見，使威尼斯酒店無論是硬體還是軟體上，都具備了個性化、國際化和人文化的特徵，為飯店的經營打下扎實的基礎。

威尼斯酒店開幕至今，得到了中外著名人士的高度讚揚。目前，威尼斯酒店是洲際集團在亞太區旗下管理得最好的酒店。其成功的主要原因之一，就是加強了跨文化管理的策略，具體做法是：

（1）採取「雙品牌」策略，優勢互補，實現文化上的本土化

在一些委託管理的飯店中，存在著業主方過於依賴國際品牌的現象。這樣，

一旦飯店經營不善，就容易彼此抱怨。而華僑城集團與洲際的合作，從一開始就不是一種依賴的關係，而是一種雙方優勢互補的關係。

華僑城集團經過二十多年的發展，已成為享譽中外的強勢品牌，其所包含的文化性、藝術性、國際性、包容性以及環境的美譽、社會的認知度和企業的效益，使深圳威尼斯酒店一開始就站在領先的起跑線上，表現出與眾不同的品質。華僑城旅遊業的整體推廣、城區資源的有效整合、配套功能的合理布局，為擴大威尼斯酒店的知名度、提高入住率，以及吸引回頭客等方面，發揮了積極的推動作用。

（2）融合雙方的文化特色，打造獨特的飯店文化

一些業主與國外管理方合作的飯店，往往容易出現文化衝突，雙方難以整合各自的文化，最終導致合作失敗，而威尼斯酒店卻能較好地實現外方管理文化的本土化，形成了自己獨特的飯店文化。

第一，文化上的融合就是理念的融合。華僑城「優質生活的創想家」理念，是其企業文化的實質，詮釋著華僑城人對生活品質的追求，而「樸實無華、誠實可靠、堅持不懈、樂觀大度，加之以一種復興者的激情」的洲際集團企業精神，正是他們生活態度的寫照。這兩種理念的碰撞與融合，成就了威尼斯酒店對生活品質和人文情懷的執著追求。無論是外籍員工或中國員工，均表現出融洽、自信、樂觀、積極向上的生活態度。一位法國客戶曾留言，威尼斯酒店從高層管理者至下層員工，配合非常有默契，任何一件小事，都能在極短的時間內得到解決，令人感覺到酒店的員工彷彿就是一支快速反應的部隊。這種默契正是文化認同的結果。

第二，文化中的開放性和包容性。接受新的觀念，包容不同的文化，是威尼斯酒店文化的特色之一。在威尼斯酒店可以感受到親和的文化氛圍，管理方與業主間相處融洽，每月的經營彙報是業主與管理方最直接的溝通，業主可以一針見血地指出酒店管理中存在的問題，也可以毫不猶豫地接受外方提出的合理建議。而酒店之外，管理方與業主之間則是朋友般友善，外方總經理還邀請業主方的長官及員工到他家做客。正是這種開放的心態，成就了威尼斯酒店開放的文化。

第三，人才的本土化和觀念的國際化，成就了威尼斯獨特的管理模式。洲際集團的管理模式隨著市場變化，在不斷完善著它的本土化過程。進入中國市場之後，他們吃一虧，長一智，根據中國的國情和民族特性進行合理的調整。洲際在與華僑城的合作中，更加注重管理模式的創新。比如酒店透過「人員本土化戰略」，培養了一批本土管理人才，這些人員中有相當一部分來自華僑城集團，他們一方面在實踐中掌握管理技術，另一方面也使外方的管理更符合中國的民風、習俗和價值觀念。透過學習、融合、溝通，華僑城在吸取洲際管理經驗的基礎上，融進了中國的文化，融入了華僑城的管理理念。在這種具有創造性的模式中，既有國際酒店管理公司嚴格規範的運作流程和市場經驗，又不失東方管理的人文情懷，含蓄與奔放，親和與嚴謹，使威尼斯酒店贏得了不同文化背景的客人的喜愛。

案例分析

深圳威尼斯酒店與洲際集團的跨文化融合相當成功，這與深圳威尼斯酒店的業主方，深圳華僑城集團的開放性、國際性、包容性是分不開的，與洲際集團多年來積累的跨文化經營管理經驗與教訓也是分不開的。因此，威尼斯酒店跨文化管理的成功，主要體現出以下跨文化管理的基本原則。

1.先進性原則

所謂先進性原則，就是雙方大膽吸收對方的文化精華，各取所長，在處理問題時求同存異，兼容並蓄，同時融合提煉新的文化，形成自己的特色。如華僑城集團「優質生活的創想家」理念，與洲際集團「樸實無華、誠實可靠、堅持不懈、樂觀大度，加之以一種復興者的激情」的企業精神，既有共同點也有不同點，但是，這兩種文化理念經過碰撞與融合，形成了威尼斯酒店自己新的文化特色，即對生活品質的執著追求和人文情懷。這樣既能融合先進的管理思想，又能體現民族精神和先進文化。正因為威尼斯酒店合作雙方都有「有容乃大」的胸懷，才能在探索代表先進文化發展方向的一些管理理念、管理思想和行為準則的基礎上獲得成功。

2.包容互補原則

華僑城集團與洲際集團都各有各的文化價值觀和管理理念，也各有長短，各有值得學習借鑑和吸收的東西。洲際集團所擁有的豐富的酒店管理經驗、聚焦客戶，為客戶創造價值以及國際化思維、創新、變革、挑戰更高目標等等為深圳威尼斯酒店注入了全新的理念；而華僑城集團經過多年發展所沉澱下來的文化品質也是吸引國際客人的法寶。這樣就形成了既有國際酒店管理公司嚴格規範的運作流程和市場經驗，又不失東方管理中的人文情懷。可見，建設富有包容性的文化，謀求雙方更為廣泛的雙贏，成了威尼斯酒店跨文化融合的出發點和落腳點。

3.交流溝通原則

這一原則要求不同文化之間應尊重彼此的差異，在文化衝突尚未發生時，就要敞開心扉，及時交流，疏通溝通管道，以避免造成不必要的誤會和隔閡。而在威尼斯酒店，管理方與業主間相處融洽，每月召開經營彙報會，業主與管理方進行最直接的溝通，業主可以一針見血地指出酒店管理中存在的問題，也可以毫不猶豫地接受外方提出的合理建議，但在工作之餘，雙方又是朋友。這與酒店在消除文化隔閡，加強跨文化溝通方面所做的大量基礎性工作是分不開的。如威尼斯酒店透過「人員本土化戰略」，透過學習、融合、溝通，在吸取洲際管理經驗的基礎上，融進了中國的文化，形成一系列新的威尼斯酒店文化。

4.求同存異原則

在經濟活動中，任何合作雙方在針對問題時都不可能是完全一致的，由於華僑城集團與洲際集團的文化背景、價值理念、管理經驗等，都有一定的差異性，因此誰也不能保證在所有問題上看法一致，方法一樣。但事實證明，雙方都有比較開放的心態，並沒有因為經營管理上的問題產生過大分歧，至今仍保持著愉快的合作。

案例啟示

1.要明確飯店跨文化管理的宗旨

飯店跨文化管理是一項系統工程，只有積極主動地推動文化的變革和融合，才能使飯店文化真正兼收並蓄各種文化之所長。實現飯店跨文化管理的宗旨，就是必須充分把握不同文化之間的共性和個性、優勢和劣勢，吸收不同文化的精髓，做到「取長補短，共同吸收，開創特色」。注重結合飯店實務，形成具有本飯店特色的生產經營組織、技術、產品和管理等多方面組成的整體文化，形成統一的管理理念、經營宗旨和奮鬥目標，形成統一的倫理道德與行為規範，這樣才能消除跨文化的差異與衝突。

2.要建立飯店跨文化管理的目標

飯店跨文化的管理，主要包括價值觀、風俗習慣、生活及行為方式等多方面管理。飯店跨文化管理要實現不同文化融合的內在統一與外在表現，必須透過飯店文化建設來實現。在中國，某些跨國、跨地區經營的飯店發展緩慢，原因除了體制、實力外，還存在不注意飯店跨文化管理的問題。如果飯店在管理上缺乏文化的一致性，就難免會影響飯店經營管理一體化的進程。因此，實現飯店文化的一致性，是實現飯店跨文化管理的重要目標。

3.要探索飯店跨文化管理的方式

第一，要加強理念文化的管理，雙方必須在經營宗旨、經營目標、經營觀念、決策思維、決策模式等多方面互相滲透，力求使雙方達到經營目標一致，經營理念相融，決策思維相通，決策模式符合客觀實際。

第二，要加強管理文化的融合，必須加強包括管理思想、管理方法、管理模式、管理風格等多方面的融合。飯店外方管理人員大多在成熟的市場經濟環境中成長，還保持著與國外或海外母公司的聯繫，他們大多有一整套適應市場要求並反映時代變更的現代企業管理思想、管理理論與管理方法。而當地的管理人員熟悉本地各種文化的特點，了解本地的市場變化規律。雙方要消除隔閡，互動互補，既要注意「適應他人」，也要「保持自我」，關鍵是找對兩者之間的平衡點。「適應他人」是真正理解、尊重東道國的文化；「保持自我」是堅信中國優秀文化的特色魅力與影響力，並把它變為自己的競爭力。

第三，要加強多方面的文化溝通，這些文化溝通包括價值觀念、風俗習慣、

生活及行為方式等多方面。

4.要加強多元文化的人力資源管理

飯店跨文化融合的關鍵，是要重視和加強多元文化的人力資源管理。也就是說，要將來自不同文化團體的人同化到組織內的主導性文化團體中來。如威尼斯酒店的「人員本土化戰略」，就是成功的嘗試。

資料來源

蔡良煥，倪靜・威尼斯酒店：國際先進管理經驗成功本土化・深圳特區報

案例思考

1.深圳威尼斯酒店在跨文化融合方面有什麼可取的經驗？

2.在飯店跨文化管理中應該堅持什麼原則？

7-4 錦江國際酒店管理公司——建立「內部國際化」的管理團隊

案例介紹

1.基本情況

錦江國際酒店管理公司隸屬於錦江國際集團，是中國最大的飯店集團，同時也是亞洲最大的飯店集團之一。目前在中國擁有、管理或授權250多家飯店和旅館，客房數量超過51000間，分布於中國25個省（直轄市、自治區）的59座大中城市。

2.建立「內部國際化」的管理團隊

進入新世紀之後，錦江國際酒店管理公司面臨著資產重組、保值增值的壓力，如何打造錦江的國際化品牌，成了錦江人必須思考的問題。錦江國際酒店管

理公司把自己定位於全球市場競爭的大舞台，提出了「揚帆遠航，走向世界」的品牌戰略，努力使民族自主品牌躋身世界成功品牌之列。

在品牌國際化的運作過程中，錦江國際酒店管理公司首先從全球選賢與能開始。他們委託國際人力顧問公司，在全球徵召職業經理人，基本條件是要在世界排名前30位的國際飯店集團中擔任過高階層管理職位。

2004年3月，貝希倫被正式聘用為錦江國際酒店管理有限公司總裁，連漢語都不會說的他，成了大型國企在全球招募擔任總裁的第一位外國人，也是中國國有企業中職位最高的外籍長官。貝希倫出生在夏威夷，父親是白人，母親是中國人，會說粵語。雖然從外貌看他東方人的痕跡很少，但他很寬容，很亞洲化。上任之初，錦江集團制定了一個大的目標給貝希倫：快速建立起一支符合國際酒店業發展要求的管理團隊，將錦江管理的客房總數提升到國際前20名，增強錦江酒店在國際與中國市場的競爭力。

此後，又有八位曾在喜來登、洲際、雷迪森、來福士、香格里拉等跨國酒店集團從業的職業經理人，加盟錦江國際酒店管理公司團隊。公司財務副總監、市場營銷副總裁、主管營運的高級副總裁，和人力資源部副總裁，都是外國人。這時的酒店管理公司儼然是一個「小小聯合國」，中國人、美國人、英國人、馬來西亞人、新加坡人一起工作，開會、文件都是中英雙語。同時，一批英文流利、曾與外資酒店管理公司合作經驗的本土職業經理人得到提拔。新錦江、華亭和山西國貿大酒店的總經理和駐店經理都是中國人，錦江國際酒店管理公司的管理團隊首先實現了「內部國際化」。

在錦江國際酒店管理公司任職的兩年時間裡，貝希倫帶領這支國際團隊，成功地將一套國際標準注入到政策和規範中，同時制定了銷售、市場、戰略、資源集成、人力培訓等一系列規劃，用國際化理念改良升級了技術與品質標準、管理政策與程序、品牌設計與推廣模式，還著手建設中央預訂系統和客戶管理系統，大大提升了「錦江」品牌的核心競爭力。由此，中國國內高星級酒店業主紛紛尋求與「錦江」品牌的合作，目前，四星級以上酒店管理合約占「錦江」品牌受託管理的80%以上。公司的「內部國際化」，為借用國際資源提升「錦江」品牌的

國際競爭力，奠定了堅實的基礎。2005年3月，錦江國際酒店管理公司又招聘總裁，具有二十多年酒店管理經驗的美國人克里斯多福・勞倫斯・巴克蘭加盟錦江，部分營運部門總監也由外國人擔任。

案例分析

中國加入世貿組織後，面對激烈的市場競爭，錦江國際酒店管理公司開始部署國際品牌化的戰略，在「挺進全球」方面做了一系列大動作。酒店實施「內部國際化」，是品牌國際化的第一步。可以說這第一步取得了初步成效。

1.體現了錦江國際酒店管理公司開放的戰略眼光

品牌國際化，必須人才國際化。因此，在品牌國際化的運作過程中，錦江國際酒店管理公司從全球選賢與能，先後聘用了貝希倫和巴克蘭等，來自不同國家和地區的高級飯店管理人才。錦江國際酒店管理公司的「內部國際化」，帶來的不僅是外方的銷售網路和效益的提升，更主要的是外方職業經理人的管理理念、職業意識、敬業精神和管理技能，使不同文化之間有了互相交流學習的機會，整合了國際性的飯店文化資源優勢，為錦江國際酒店管理公司「揚帆遠航，走向世界」吹響了進軍號。

2.帶來了一定的「品牌效應」

錦江國際酒店管理公司建立國際化管理團隊，既是參與全球市場競爭的需要，同時也是為打造錦江品牌，增強品牌實力的需要。而錦江國際酒店管理公司組建的國際管理團隊，提升了錦江品牌的影響力，其具體表現是國內高星級酒店業主紛紛尋求與「錦江」品牌的合作。

3.為走向世界聚集了經驗和實力

貝希倫作為錦江國際酒店管理公司的總裁，儘管只按合約工作了短短兩年的時間，但貝希倫為錦江引入國際規則與操作模式，為錦江參與國際化競爭積累了經驗，打下了基礎。如用國際化理念改良升級技術與品質標準、管理政策與程序、品牌設計與推廣模式，建設新的中央預訂系統和客戶管理系統等等，將錦江

管理的客房總數提升到了國際前20名，使錦江國際酒店管理公司在國際與中國市場的競爭實力不斷得到增強。

案例啟示

隨著經濟全球化的深入發展，世界飯店業競爭主體不斷增多，競爭程度也不斷加劇。中國飯店業的發展日益呈現出國際競爭國內化，國內競爭國際化的趨勢。尤其是中國加入WTO，在世貿規則的約束下，服務業的開放程度也不斷擴大，越來越多的國際著名飯店集團長驅直入，對中國飯店集團的發展構成了更為強烈的衝擊。目前，全球前17名的飯店管理集團中，已全部將經營觸角伸入中國，希爾頓、六洲、萬豪、香格里拉、雅高等酒店集團，在中國管理的飯店數量已超過二位數。此外，國際飯店集團在中國飯店市場的擴張，已由一線城市向二線城市發展，由中高檔飯店向經濟型飯店拓展。在北京、上海等地的豪華飯店之中，大約10%的外資飯店賺取了90%的利潤，這被業內稱作「冰火兩重天」。而中國飯店的民族品牌要做強做大，就必須走品牌國際化之路，這是世界經濟一體化、國際旅遊業蓬勃發展的要求，也是現代飯店拓展市場空間、擴大經濟規模的必然趨勢。因此，飯店自身管理公司的「內部國際化」則是應對挑戰，走向世界的首要條件之一。

錦江國際酒店管理公司的「內部國際化」，為的是招納國際飯店業的經營管理精英人才為我所用，以吸收國際飯店文化的精髓，融合中國飯店文化的精華，這種跨文化的交融，對於打造中國世界級的飯店民族品牌，有著十分重要的意義。

資料來源

1.谷重慶．錦江酒店的「洋掌門」．環球企業家

2.周解蓉，莫穎怡．大型國有旅遊企業錦江國際集團請老外「當家」．新華網

案例思考

1.為什麼說飯店的「內部國際化」，是打造國際品牌之路的基本條件之一？

2.在飯店的「內部國際化」過程中，怎樣才能使中外飯店文化融合？

7-5 北京諾富特和平賓館——把內刊作為跨文化溝通的橋梁

案例介紹

1.基本情況

北京諾富特和平賓館，原名北京和平賓館，位於中國北京王府井金魚胡同，始建於1952年，樓高19層，副樓9層，是北京歷史上知名度最高的八大飯店之一。2003年3月副樓局部重新裝修。經過改造，和平賓館西面有現代化大樓，東面有古建花園式高檔客房，服務設施完備。

1984年4月，原北京飯店總公司與香港紫大國際投資有限公司在京簽訂協議，共同投資，組建中港合資企業——北京和平賓館有限公司。擴建以後的和平賓館，擁有東、西兩座大樓，建築面積4.2萬平方公尺，共有不同規格的客房416間，另有宴會廳、咖啡廳、西餐廳、中餐廳、啤酒屋、酒吧等餐飲服務設施，成為綜合性、多功能的現代化四星級高檔飯店。

和平賓館是北京市第一家與外方全部合資、轉化為合資企業的國營老字號飯店。此後，和平賓館在管理上實行老字號、新機制、突破禁區，向國際一流酒店標準邁進。1989年營業額達2400萬元，1993年突破億元大關。2000年2月，首旅集團與法國雅高集團正式簽訂合作協議。從此，法國雅高集團正式管理和平賓館，改名為北京諾富特和平賓館。

雅高集團是一個全球性的旅遊業和企業服務集團，成立於1967年，在全世

界142個國家、地區，管理著3200　家各類酒店，是世界第三大旅遊飯店管理集團，銷售網路遍布世界各地。

2.把《和平之聲》作為溝通的橋梁

《和平之聲》是北京諾富特和平賓館的內部刊物。這份發行量不大的紙質媒介，在實現該酒店跨文化溝通方面，發揮了穿針引線、溝通橋梁的作用。

法國雅高集團入駐北京和平賓館之後，企業內部一直潛伏著文化衝突的危機。一些資深員工對外方管理者缺乏信任，疑慮重重。員工關心的是外方入駐，是否大量裁員，一時間人心惶惶。於是，該酒店的內刊《和平之聲》及時對外方總經理魯梅尼做了專訪，向員工傳遞出這樣的訊息：我們要共同努力，使和平賓館成為北京市最好的四星級飯店，所有員工都是我們這個目標能夠實現的關鍵。這篇專訪造成了極佳的安定人心作用。外方入駐後，馬上展開大規模培訓，員工又出現思想波動：雅高集團的培訓是否不同，考核不合格是否意味著離職。針對這些問題，《和平之聲》又刊登中階層管理人員與人事總監的對話文章，坦誠的氣度、開明的理念貫穿其中，有效預防了在合資初期易出現的思維對接錯位等問題。此外，內刊還從培訓的目的、內容、形式，到考核方法，都做了全面的說明，將新的理念、新的形式告訴員工，鼓勵員工投身並融入這一完善自我、提升自我的過程之中。

合資一年之際，總經理在刊物上撰寫了《週年寄語》，傳達他的文化理念：「我深信管理集團的到來，對你們每個人來說是一場變革，它改變了你們的生活、工作和思想。但是我確信你們的付出正得到回報，因為我們的酒店正從沉睡中醒來，我們為之工作的酒店充滿了活力，這都是你們的成功。」一席充滿深情的話語，解開了員工鬱悶的心結，拉近了員工與外方管理者之間的關係。

此外，《和平之聲》還針對合資過程中易出現的中外文化差異、思維對接錯位等問題，撰寫一些短文，培養人際溝通的氛圍。同時，注意及時準確地報導好每一次中外方管理者的對話、總經理與員工的對話、職代會、工資調整說明會等活動。

法國雅高諾富特品牌的管理模式，為中方開拓了新的視角，為飯店的轉型造

成了催化作用。在合作中，中外雙方經歷多次碰撞、磨合甚至激烈的爭執，最後在理解中融合。多年來，合作雙方求同存異，取長補短，積累了合作經驗，《和平之聲》在此過程中為雙方溝通搭建了一座堅實的橋梁。

案例分析

作為合資飯店的諾富特和平賓館，中外雙方是相當重視訊息與情感溝通的。在跨文化管理方面，溝通的管道很多，如座談、對話、個別交流或透過飯店內刊等形式。但內刊《和平之聲》這種紙質媒體，可能更方便、更準確、更有權威性。具體來說，透過內刊進行跨文化溝通有如下益處：

1.及時準確地傳達訊息

很多訊息透過口頭傳遞時，容易衰減、走樣，甚至失真，而報刊則可以使訊息固化。和平賓館透過內刊《和平之聲》，及時傳達外方總經理魯梅尼的專訪和文章，透過這種權威的訊息，解答員工關心和擔憂的問題，能夠達到安定人心、鼓舞人心的作用。

2.發揮教育引導作用

諾富特和平賓館將《和平之聲》作為飯店文化建設的工具，字裡行間傳達的都是新的理念，反映的是一種企業精神和風貌。如總經理親自在內刊上撰文《週年寄語》，充滿深情的話語，使員工對外方管理人員的觀念、個性有了初步的了解，拉近了員工與外方管理者之間的心理距離。同時，透過內刊的精神熏陶，員工的價值觀、職業態度和精神，都會得到不同程度的提升，使大家放下包袱，輕裝上陣，凝聚合力，為飯店共同的目標而努力奮鬥。

3.造成疏通、調節的作用

俗話說，「燈不點不亮，話不說不明」。員工面臨著飯店的改制、重組，思想上、心理上難免有一些困惑和擔憂，這就需要管理階層來解疑釋惑、疏通調節，以獲得來自員工的理解和支持。如在大規模展開培訓的問題上，員工們擔憂培訓不合格將會被炒魷魚的問題，於是，管理階層透過內刊，說明培訓的目的、

形式和內容，避免了在合資初期易出現的思維對接錯位等問題。同時還刊登一些短文，既可增長員工知識，又營造了人際溝通的氛圍。

案例啟示

現代飯店業的競爭表現是多方面的。從更高層次來講，飯店的競爭是文化的競爭。而飯店內刊作為飯店文化最直接的傳播媒體，越來越受到飯店管理者的重視，一份高水準的內刊，可以讓人對該飯店肅然起敬，成為飯店一張鮮活的名片。諾富特和平賓館的案例證明，內刊在飯店文化建設中的作用是不可低估的，它肩負著重要的使命。

1.飯店內刊是飯店文化的核心載體

飯店內刊是倡導、宣揚飯店文化的最佳載體。透過內刊的不斷宣傳和潛移默化的影響，飯店文化越來越會為更多的員工熟悉、認同。透過內刊宣傳和報導的內容，與內刊編輯人員的創造性勞動，企業精神被提煉出來了，飯店文化所具有的特色更加鮮明，對於鼓舞士氣、建設飯店文化，都有重要的推動作用。

2.飯店內刊是加強飯店內部及業主間溝通、增強凝聚力的紐帶

一般來說，飯店規模大，部門多，普通員工難識大老闆之廬山真面目，內刊則可以讓領導者直接面對普通員工，把他的思想意識、價值觀念直接傳遞給廣大員工。這樣，內刊可以讓內部讀者對飯店的動態和發展方向有較全面的了解，既可以隨時解疑釋惑，也便於塑造具有向心力的團隊。

3.飯店內刊是跨文化溝通的橋梁

飯店的內刊不一定非要辦得像正規報刊那麼精美，但必須辦得有意義。尤其在外資或中外合資飯店，由於語言不通，一些中方員工和外方管理人員之間很難做口頭上的交流，如果透過閱讀中文的，或中外文對照的內刊，就能暢通訊息交流。此外，內刊可以透過不同的專欄、專題和消息等形式，傳播飯店高層的訊息，介紹飯店部門和個人先進的事跡和經驗，普及經營管理及服務知識和技能。這樣它不僅可以成為上下傳播訊息的通道、管理者與員工情感交流與溝通的平

台，還可以成為員工增長才幹、學習知識和技能的園地，成為業主和客戶了解飯店的窗口。

資料來源

1.鄂平玲・融入世界 煥發生機・人民日報海外版

2.張新芳，張春玲・溝通讓差異變成一種資源・大河報

案例思考

如何發揮飯店內刊在跨文化管理中的作用？

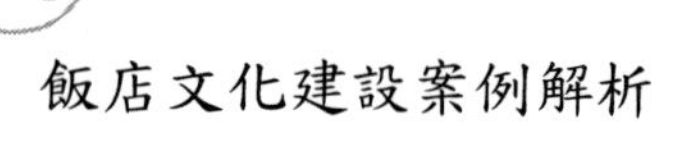

第八章 建設有中國特色的飯店文化

飯店文化作為一種社會文化，是一定的政治、經濟的反映。建設具中國特色的飯店文化，從本質上說，必須表現當代中國的政治經濟生活和時代特色，揭示現代飯店管理的本質。這樣的飯店文化必然要立足於當代中國的國情，必然要以當代中國的政治、經濟、文化為依據。

中國的社會背景、經濟發展狀況，與美國、日本及歐洲等西方國家不同，文化傳統也不同。建設有中國特色的現代飯店文化，與特定的社會背景、經濟發展狀況密切相關。所謂中國特色，是相對其他國家來說的，有中國特色的飯店文化，就是符合中國國情的飯店文化。因此，在建設有中國特色的飯店文化這一問題上，要系統、深刻地認識當代中國的政治、經濟、文化狀況，敢於開拓創新，敢於揚棄當前不符合時代要求與現代飯店業發展趨勢的飯店文化，塑造富有時代特色的飯店文化，要堅持「兼容並蓄」、「洋為中用」的原則。中國人的文化價值觀念和現有的政治經濟體制，不同於國外，有些在國外行得通的，在中國也許行不通，正所謂「橘生淮南則為橘，生於淮北則為枳，葉徒相似，其實味不同，所以然者何，水土異也。」（《晏子春秋· 內篇雜下》）

現代飯店文化既應當重視繼承中國傳統文化中的精華，也應當重視吸收外來文化的優點，在此基礎上才能形成有中國特色的飯店文化。

8-1 北京王府飯店——步子到底應該邁多大？

案例介紹

1.基本情況

北京王府飯店，即現在的王府半島飯店，開幕於1989年，坐落在市中心王府井商業區，是一家中外合資的五星級豪華飯店。飯店共14層，擁有530間客房，1間大宴會廳及7間多功能廳、2家風味迥異的餐廳，和會聚了50餘家世界頂級品牌的購物街，另有溫水游泳池等美容健身服務設施。

2.經營特點

2000年，王府飯店開始大規模的戰略性翻修工程，耗資3億元人民幣。王府飯店建成開幕之後，走的是高端經營的路子，但並不盈利，而且其經營之道在當時的中國市場引起了國內同行和消費者的廣泛關注。

（1）高端市場定位。半島集團的經營理念，是只做高端市場，即它只經營超高檔飯店，飯店所追求的目標客戶都是高品味顧客，因此，它奇高的價格令人望之卻步，社會上甚至流傳著，「幾個朋友在王府花上萬元吃頓飯，最後還沒吃飽」的故事。因此，王府飯店的管理方法、服務內容，趨向於為這些消費檔次極高的顧客量身定做。當時，王府飯店門口停放著專門用來接待飯店貴賓、全北京市僅有的兩輛勞斯萊斯豪華轎車，一般客人無論想付多少錢租它，都會被婉言拒絕。因為勞斯萊斯汽車是按名分量身定做的，王府飯店絕不會把它當成計程車經營，這兩部車的價值，早已遠遠超過了汽車的概念，它已成為王府飯店的一種品牌、一種服務品質的象徵。

（2）推行跪式服務。1991年，王府飯店推出了「跪式服務」，讓北京人首次領略到什麼是至尊服務。然而，當時社會上對這種服務小姐為客人倒茶採取半跪的方式還難以接受，在社會上引起了廣泛的爭議。這種跪式服務，是由當時的王府飯店股東之一、馬尼拉酒店管理集團主張推出的，服務設計理念最初是針對中產階級。

（3）拒絕市膾時尚。王府飯店的服務理念是規範、典雅、傳統。當時王府飯店沒有諸如卡拉OK、保齡球等其他飯店較為流行的服務設施，甚至連店內背景音樂都沒有，顯得十分保守和傳統，如飯店大廳內只能聽到潺潺的流水聲，用餐時享受的是溫馨的現場伴奏，強調所有服務都儘量由人來完成，而刻意避免使用一些高科技自動化設施。之所以如此定位，是因為王府客戶群的消費特色十分

傳統，習慣使用高檔品牌，不喜歡追求時尚。王府飯店瞄準的是那些以價值為導向的顧客，而不是價格導向的顧客，他們不希望出現客人「住在王府飯店，卻到臨街小館去就餐」的情況。也就是說，他們希望影響王府飯店客人消費的不是價格，而是服務品質和獨特的飯店文化。

（4）獨特的營銷文化。王府飯店的促銷，很少像其他飯店那樣透過飯店銷售代理網來招攬顧客，甚至自身連個像樣的網頁也沒有，更少做促銷廣告。因為王府飯店的客戶大都有自己的業務代理人，絕不會自行訂購服務，飯店的促銷都是瞄準其代理人。王府飯店的總統套房4000美元一晚，在旅遊淡季或旺季，飯店十分樂意免費為這些住得起總統套房的賓客買單，飯店認為這些客人的價值遠遠大於飯店為他們的付出。

2003年香港上海大酒店再次參與重組王府飯店，獲得42.1%的控股權，並正式更名為「The Peninsula Palace Beijing」，中文名為「王府半島飯店」。之後，飯店透過頻繁的香港、北京兩地間的員工互換培訓計畫，成功地將半島集團管理標準及飯店文化引入王府飯店，飯店整體服務水準不斷提高，飯店從裡到外，從硬體到軟體，面貌煥然一新，經營管理也躍上了新的台階，並多次在中國國內外評選中取得佳績：被《旅遊與休閒》雜誌評為「北京最佳商務酒店」，榮登亞太區最佳25家酒店排行榜、jing餐廳入選美國Cond nast Traveler 2003年度全球75家最熱新食府，成為中國唯一獲此殊榮的餐廳。2004年王府飯店又一次翻新之後，全新的王府飯店秉持「半島」尊貴優良之風範，以超值的一流服務，確保客人享受中西合璧的高品味服務。2005年的每房收益增加了40%，2006年每房收益增加了20%。目前該飯店已進入世界飯店500強。

案例分析

王府飯店自1989年開幕之後，十幾年的經營狀況並不理想，一直處於虧損狀態。原因很多，這與當時中國國情有極大的關係。

從客觀因素講，王府飯店在很大程度上受制於當時中國的經濟體制，如企業國營所有制，使得半島集團無法施展拳腳。當時，因體制原因，資本經營意識不

強。王府飯店投資12億元人民幣，資本金額僅為1000萬美元，時價約合4000萬元人民幣，也就是說，王府飯店的投資額中，資本金比例僅為3%，這雖為現今的法規政策所不允許（如今飯店業要求資本金比例至少在30%以上），但在當時的飯店業卻是普遍現象。因此，儘管「王府」的經營毛利（GOP）不低，約為15%，但飯店一直被銀行的利息壓得難以完成對投資者的回報。另外，王府飯店當時經營狀況不佳，不完全是經營能力不強，或者說經營意識落後，這與中國飯店業成長的特殊背景有關。許多飯店大多籌建於1980年代末，資金（其中很大一部分是外匯）基本上來自於中國國家撥款，後又改為撥改貸。由於投資結構的不合理，王府飯店的經營者很難在短期內轉虧為盈。加上受國際與中國國內的形勢變化影響，飯店經營環境十分惡劣，這也是管理人員無法左右的。

從主觀因素講，還有以下原因：

一是王府飯店推出的「跪式服務」，讓當時的北京人難以接受。1990年代初，中國的思想觀念還比較保守，儘管這是「至尊服務」，但當時社會上對這種服務小姐為客人倒茶採取半跪的方式還難以接受，從而在社會上引起了廣泛的爭議。後來，隨著王府股權變更，隨著香港半島酒店管理集團的全面介入，王府飯店的經營理念才隨之發生根本的變化。

二是王府飯店奇高的價格令人望而卻步。極高的定位、奇高的價格，和十分超前的經營理念，在許多人看來是可望而不可及的。中國人當時的經濟收入普遍偏低，消費水準不高，即使是所謂「萬元戶」、「暴發戶」，也難以承受如此高的消費標準。這也就難怪社會上流傳著，「幾個朋友在王府花上萬元吃頓飯，最後還沒吃飽」的故事了。

三是「皇帝的女兒不愁嫁」。王府飯店的營銷文化過於清高，從開幕初始，就是高端消費市場的定位，對哪怕是中檔消費都是排斥的，既拒絕市膾，也拒絕時尚，它就像手工製造豪華汽車一樣，追求的是規範、典雅和傳統。因而王府飯店幾乎從不打廣告，從不搞促銷，這也許是王府飯店矢志不移地堅持其高檔品牌的戰略需要，寧可虧損，也不降價以求。然而，僅靠當時有限的高檔消費群（主要是到中國的外國高級客人）來支撐王府飯店是很難的，難免會出現「曲高和

寡」的狀況。

案例啟示

誰都不能脫離當時的實際情況來解析這樣的案例。王府飯店走高端市場，是半島集團的根本經營戰略的需要，但當時中國市場難以消受得起這樣的飯店也確是事實。由於王府飯店並沒有把中國當時的國情當一回事，所以它倡導的觀念和消費，可以說已經超越了「現階段」十多年。當然，在十多年後的今天看來，王府飯店的經營文化並不值得大驚小怪，如今走高端市場的豪華飯店也不只王府飯店這一家了，當時只有王府飯店才有的、象徵豪華與富貴的頂極轎車勞斯萊斯，如今也並不是什麼稀罕物。因為中國的經濟體制改革得更加完善，經濟水準和消費水準都今非昔比，大大提高了。

之所以要對王府飯店這個案例做解析，主要是想說明這樣一點：中外合資合作的飯店文化，必須適合中國國情。中國的國情是隨著政治、經濟、文化的改革與發展而不斷變化的，有一定的階段性，無論是落後還是超越這個階段，都會付出一定的代價。如果「超越」的飯店承受得起這樣的代價，並能堅守下來，自然能贏得「秋後的喜悅」，今天的王府半島飯店便是如此；如果承受不起，就只能中途自動退出競爭的舞台了。

資料來源

1.楊欣．一流品牌為何賺不到一流利潤——走進王府飯店　揭開酒店經營之謎．中外管理

2.陳曉．本土酒店的最後機會在哪裡．中國新聞週刊

案例思考

為什麼飯店文化要符合中國國情？

8-2 北京貴賓樓飯店——中國人能管好世界一流飯店

案例介紹

1.基本情況

北京貴賓樓飯店開幕於1990年，1999年翻修，樓高10層，建築面積將近20萬平方公尺，毗鄰紫禁城和天安門廣場，面向長安街。貴賓樓內裝飾華美富麗，所有的陳設充滿了中國情調，217間客房全部採用世界一流的名貴建材、明清風格的花梨木家具，盡顯中式風格的豪華與尊貴，配以古典字畫和有典故的裝飾，體現了東方文化的精髓。另外，貴賓樓有5家美食薈萃、風格各異的餐廳，提供各地經典菜餚及西餐、中西自助餐。飯店還設有商務中心、休閒中心等多項設施和服務。多年來，貴賓樓多次成功接待美國前總統布希、英國前首相柴契爾夫人、德國前總理柯爾、美國前國務卿季辛格、日本前首相海部俊樹等國賓，和許多國家的代表團。

2.中外結合的飯店文化

在飯店的物質文化方面，北京貴賓樓飯店是中國人自己設計、自己建造、自己管理的一家五星級飯店，也是北京最早的三家「世界一流飯店」之一（另有王府飯店、凱賓斯基飯店）。貴賓樓飯店在硬體上引進的都是國外先進的設備設施，但從大廳、餐廳、客房到走廊、電梯，都十分注意顯示中華文化，如地毯、家具、藝術品、植物、燈光等，都配置了具有濃郁民族特色的產品，客人既能體驗到異國他鄉的東方情趣，又能感受到中國式「家」的溫馨，兩者得到了完美的統一。

在飯店制度文化方面，貴賓樓飯店積極學習外國先進的管理經驗，尤其是學習國外執行飯店制度、規範和紀律的嚴謹性，並在飯店上下達成了共識。總經理以身作則，以法治店，大力加強制度的執行力，衝破人情關與關係網，杜絕了各種違規違紀現象。

在飯店精神文化方面，貴賓樓飯店堅持「以人為本」，把嚴格治店與關心員工結合起來，強調「員工也是顧客」，員工能享受到與住客相近的待遇，如為員

工建有撞球室、桌球室、健身房、圖書館、閱覽室等文化體育設施。同時，充分發揮思想工作的長處，推出了「含蓄管理」的方法。在人才的培養使用上不拘一格，不論是中國籍，還是外國籍，只要有才幹，有業績，就提拔或調動到能發揮更大作用的部門上來。在管理人員工作不力時，也不是簡單地撤職或訓斥，而是調整到別的部門，或換一個部門，為其創造新的發展機會。這種「換個地方以觀後效」的做法，含蓄地表達了對其工作失誤或不力的批評，但又不是徹底的否定，使其變壓力為動力，從而更加奮發努力。此外，每年都要派遣30多名員工到香港學習考察，有的還分別去美國、德國、義大利等著名的飯店管理院校進修或考察，使他們掌握先進的管理知識與技能，熟悉不同國家的民俗和習慣。

案例分析

北京貴賓樓飯店是與王府飯店、凱賓斯基飯店齊名的「世界一流飯店」，它與另外兩家飯店不同，是完全由中國人自行建設與管理的，中國人之所以能管理好世界一流飯店，是因為建立了古為今用、洋為中用的有中國特色的飯店文化。

所謂「古為今用」，一方面體現在其飯店物質文化上。北京貴賓樓飯店是在有100多年歷史的北京飯店基礎上建成的，北京飯店歷史悠久，有著深厚的中國傳統文化底蘊，加上毗鄰文物建築紫禁城和天安門廣場，面向長安街，地理的、歷史的環境為北京貴賓樓飯店弘揚中華傳統文化創造了得天獨厚的條件。它對外打出的廣告語是「古有帝王宮，今有貴賓樓」，在室內及藝術品裝飾上極大地彰顯了中華文化精華，這在當時崇洋風行的年代並不多見。

另一方面，「古為今用」體現在其精神文化上。中國自古以來，就有重視人情義理的文化傳統。北京貴賓樓飯店在管理上不像西方管理文化那麼機械、生硬、冷酷無情。貴賓樓飯店的「含蓄管理」方法就很有創意，很有人情味，與中國古人所倡導的「我欲仁，斯仁至」，強調發揚個人道德的主觀性來完善人格的傳統文化是一致的。

所謂「洋為中用」，一方面體現在物質文化上。貴賓樓飯店的設備設施，大都是從國外引進的，是飯店現代化、科技化的需要，也是滿足中外賓客各種需要

的必然選擇。

另一方面，洋為中用體現在制度文化建設上。中國的傳統文化有不少是現代飯店管理中不足取的，如制度文化上「人治問題」和「制度執行不力」的問題，一直是中國飯店管理者最頭疼的問題。在這方面，貴賓樓飯店運用外國先進的管理制度文化，以嚴治店，秉公辦事，狠抓制度的執行與落實，使飯店的現代制度文化根植於每個員工的心目中。同時，倡導人性化管理，引入西方現代員工理論（ES），強調「員工也是顧客」，把員工當成飯店的財富來管理。此外，將管理人員送到國外學習進修，也為建立「洋為中用」的飯店文化奠定了基礎。

案例啟示

建設與時俱進的飯店文化，就是既要弘揚民族文化精華，又要緊跟時代的步伐，借鑑和吸引外來的優秀文化。特別是在經濟全球化、中國對外開放程度不斷提高的今天，只有積極吸收和借鑑國外優秀飯店文化，使之適合本飯店的情況，才可能在國際與中國國內的市場競爭中掌握主動權。

貴賓樓飯店的案例告訴我們，飯店文化代表著一個國家、一個民族的形象，只有在傳統文化基礎上對別國經驗有益的借鑑和吸納，才能創立有中國特色的飯店文化。

資料來源

王泉生，呂裕國．中國人管好「世界一流飯店」的幾點體會．飯店世界

案例思考

1.中國人能管好世界一流飯店的主要因素是什麼？

2.建設有中國特色的飯店文化，如何才能找對「古為今用、洋為中用」的結合點？

8-3 秦皇島羊城大酒店——塑造飯店文化形象

案例介紹

秦皇島羊城大酒店，開幕於1990年，是一家三星級旅遊國際飯店，坐落於秦皇島港城。飯店建築面積1.6萬平方公尺，擁有豪華套房、單人房、標準房共97間，62個風格各異，舒適豪華的雅間和4個宴會廳，可同時容納1800餘人用餐。

為了進一步確立酒店的良好形象，統一酒店形象及宣傳標誌，羊城大酒店於2006年10月至11月，向社會公開徵求CIS形象設計，即「秦皇島羊城大酒店形象標誌設計」，設計要求和內容如下：

1.酒店的理念系統

（1）羊城發展目標：創百年老店——羊城大酒店始終堅定地為每位來羊城的顧客提供：味美價優的菜品，系統全面的服務，快樂無上的心情。

（2）羊城文化：羊城大酒店是一家服務大眾的酒店，是善於學習、勤於思考和不斷創新的酒店，是在不斷學習和思考中實現服務大眾目標的酒店。

（3）羊城特色：款款菜點成精品，舉手投足帶感情。

（4）羊城精神：終身學習、愛班敬業、團結奮鬥、追求卓越。

（5）羊城理念：誠心待客、誠懇服務、誠實經營、誠信做人。

（6）羊城管理：現場管理、規範化管理、走動式管理、個性化管理、以理服人、以理管人。

（7）羊城經營方針：以酒店為主體，以婚宴慶典、大眾飲食為中心，深化發展餐飲，挖掘酒店潛力的整體拓展方針。

2.視覺識別

（1）基本要素

羊城標誌：突顯羊城酒店特色（專業承辦各種婚、壽、遷等慶典宴席），美觀，好記，具有一定意義的中英文組合標誌。

羊城標準色：合理選擇主色、輔助色。給人一種喜慶、氣派、輝煌、穩健、充滿活力、有著無限的希望和魅力的印象。

羊城標準字：以行楷或隸書書寫的「羊城大酒店」。

（2）應用系統

辦公用品：信封，信紙，便箋，名片，徽章，工作證，請柬。

內部建築環境：內部部門標誌牌，常用標誌，樓層標誌，企業形象牌，旗幟廣告，POP廣告等。

服飾：經理服，管理人員服，服務人員、端菜員服裝，禮服，T恤，領帶，工作帽，鈕扣，肩章，胸卡等。

廣告媒體：雜誌，電視，報紙，路牌，網路。

公務禮品：T恤，領帶，打火機，鑰匙圈，包裝袋（手提袋）等。

印刷品：企業簡介，年曆等。

（3）設計要求

設計內容力求構思巧妙，富於喜慶氣氛和時代感，簡潔明快，色調搭配和諧。

參選作品要求通俗易懂，並附彩色圖稿及相應的創意說明。

案例分析

飯店文化形象是指社會公眾對飯店經營過程中表現出來的印象和評價。飯店形象的好壞，不僅在於其優質的個性化服務，良好的現代化設施，舒適幽雅的住宿條件，便利通達的交通地理位置，還包括飯店本身所蘊含的文化氣息和氛圍，也就是所謂的飯店文化形象。

秦皇島羊城大酒店十分重視文化形象塑造，並自覺地運用「飯店文化力」的作用，實施經營管理。秦皇島羊城大酒店在飯店文化形象建設方面，主要做了如下兩方面的工作：

1.有明確的飯店文化定位

秦皇島羊城大酒店是規模不大的飯店，以餐飲為主，住宿為輔，因而它的「羊城文化」定位於「大眾化」，強調的是「善於學習、勤於思考和不斷創新」，並「在不斷的學習和思考中實現服務大眾的目標」。它的經營方針也是「以婚宴慶典、大眾飲食為中心」，它的特色主要是專業承辦各種婚、壽、遷等慶典宴席，在視覺系統的設計上，也定位在「喜慶、氣派、輝煌、穩健、充滿活力」。因此，這樣的定位是秦皇島羊城大酒店的規模、特色、地理環境和企業優勢決定的。作為一家中小型飯店，它並不好高騖遠，而是一切從實際出發，腳踏實地走大眾化之路。

2.主動導入CIS

CIS（Corporate Identity System）是指企業形象的識別系統，即將企業經營理念和精神文化運用，整體轉達給員工及社會公眾，並使其對企業產生一致的認同感或價值觀，從而形成良好的企業形象和促銷產品的設計系統。

秦皇島羊城大酒店的理念識別系統（MIS），包括了「誠心待客、誠懇服務、誠實經營、誠信做人」的經營理念，「服務大眾」、「善於學習、勤於思考和不斷創新」的飯店文化，「終身學習、愛班敬業、團結奮鬥、追求卓越」的精神，以及「以酒店為主體，以婚宴慶典、大眾飲食為中心，深化發展餐飲，挖掘酒店潛力」的經營方針。

秦皇島羊城大酒店的行為識別系統（BIS），是以其理念識別系統為基礎和原動力的，對內主要有管理教育（如「現場管理、規範化管理、走動式管理、個性化管理、以理服人、以理管人」）、員工教育（包括服務態度、服務技巧、禮貌用語和工作態度等）、工作環境等項目。對外活動主要是指市場調查、產品銷售、公共關係、廣告宣傳、促銷活動等。

秦皇島羊城大酒店的視覺識別系統（VIS），是其理念識別的具體化和視覺化，是其飯店形象的外部表現。它將基本要素，如標誌、標準色、標準字的要求一一列出，公開向社會徵求，然後應用在辦公用品、內部建築環境、廣告、公務禮品、服飾、印刷品等處。這些視覺因素能使秦皇島羊城大酒店在社會公眾的視覺和心目中樹立一定的形象。

案例啟示

飯店文化形象是由表層文化與深層文化組成，就像一個人的外表與內心。這形象必須內外統一，才能真正在廣大公眾中樹立起來。

表層文化主要由直觀文化、形式文化、符號文化等系統組成。

直觀文化主要包括視覺識別系統的基本要素，如飯店標誌、標準色、標準字等；形式文化主要包括飯店所選取的文化體現形式，如經營宗旨、管理理念、服務規範，以及物質形態文化，如大廳修飾風格等；符號文化則是指除了視覺之外，還有聽覺符號和視聽綜合符號，這是藉助記載、傳播、宣傳、轉換等手段保留的文化，如店內廣播、監視系統，餐廳名、包廂名、菜餚名等口傳文化。

飯店深層文化是指凌駕於飯店文化行為主體（個體與群體）分散的、自主的意識之上的，可以脫離於顯示系統而獨立發展的飯店思想、意識、觀念體系文化。

飯店的表層文化與深層文化都是相對而言的，飯店表層文化也不完全是非思想態的文化，而是由於此種文化體系，使得它成了核心文化的表現形式。成熟的飯店文化，一般都有其文化核，也就是飯店的絕對精神本體論，即文化思想基礎、哲學根基、行為規範與準則體系。

飯店表層文化與深層文化，是根據飯店文化的外在性與內在性、可感覺性和超感覺性、現象與本質、形式與內容等方面區分的，二者之間的關係是辯證的。

現在，一些飯店都十分重視文化形象塑造，但由於對飯店文化形象認識不足，大都比較注重表層文化，尤其是視覺識別系統，如對於飯店文化形象的建設

主要集中在飯店的命名及標誌字體的選用、標徽設計與使用規則、標誌色彩組合、服裝，以及企業使用的信緘表格、營銷宣傳資料等直觀文化形象方面，但對於規範和統領飯店文化形象的深層文化，卻不夠重視。當然，這與深層文化塑造的難度有關。就像一個人，要想讓自己的外在形象漂亮起來並不難，請人設計一下形象，包裝一下就行了，但要提高或保持內在的文化修養與氣質，並不是一件容易的事，需要長期不斷的修煉。

現實中無數的案例都告訴我們，飯店文化形象是極其脆弱的。飯店的領導人不但要研究如何建立飯店文化形象，更應該研究如何維護飯店文化形象，讓飯店的每一位管理者、每一名員工都時刻牢記自己的職責和使命，透過自己的一舉一動、一言一行來塑造飯店良好的文化形象。

資料來源

羊城大酒店綜合辦公室・羊城大酒店CIS形象設計「英雄帖」

案例思考

1.導入CIS對飯店文化建設有什麼重要意義？

2.如何正確處理飯店表層文化與深層文化的關係？

8-4 海航酒店集團——實施飯店品牌文化戰略

案例介紹

1.基本情況

海航酒店集團的前身，是海航酒店有限責任公司，成立於1997年9月，2000年8月由海航集團有限公司、海南航空股份有限公司對海航酒店集團股權進行重組，經過中國國家工商局進行名稱核准後，改名為海航酒店（集團）有限公司，其中海航集團占81%股權，海南航空股份有限公司占19%股權。

近年來，海航酒店集團的發展腳步加快，2003年後已經進入全面的發展擴張階段。2004年底透過註冊上海海航國際酒店管理有限公司，採用所有權與經營權分離的管理思路，整合相關業務資源，構建產權清晰化、經營專業化的業態模式，走民族品牌創建與資產經營獨立運作的飯店管理之路，從而大大提升了核心競爭力。目前，海航集團旗下有酒店24家，分布在海南、北京、上海、廣州、深圳、杭州、西安、太原、南昌、黃山等地，總客房數4899間，員工人數5000餘人，資產總額35.13億元人民幣。

海航酒店集團充分依託海航集團航空大背景的優勢，實施航空—酒店—旅遊這一相關產業鏈無縫隙一體化的特色經營，並以其品牌和實力，成功邁入世界飯店集團300強，名列第194名。在第三屆中國飯店集團化發展論壇上，海航酒店集團榮膺「2005年中國飯店業民族品牌先鋒」稱號。

2.文化理念

海航酒店集團倡導「誠信、業績、創新」的飯店文化理念，特點是以中國傳統文化為內涵，以現代西方先進的管理制度為依託，構成了中西合璧、以人為本的管理氛圍。在海航酒店，從建築到裝飾、陳設，「中國」、「傳統」、「文化」的氣息滲透每一個角落，並在「海航」員工的一舉一動中，形成了獨特的「海航式行為模式」。現在，每個員工初入「海航」時，都要學習《中國傳統文化導讀》和《員工手冊》，以及《精進人生》等，中階層以上管理人員都必須接受「三為一德」的培訓，即「為人之君」（要有君子般的風度，君子般的責任）、「為人之師」（要求別人做到的自己先做到，為人師表）、「為人之親」（要像對待親人那樣對待同事和客人），並以「三為」為德。

現在，海航酒店集團已建立了完善的現代飯店文化體系，並建立全球化的人才戰略和一整套科學的引進、培訓、使用、激勵人才的機制，為海航酒店集團實施品牌文化戰略奠定了堅實的基礎。

3.品牌文化戰略

海航酒店集團實施的是「1、3、10」的品牌戰略，即1年內成為國內優秀的酒店管理集團，依託航空背景，樹立海航酒店品牌，創新旅業新形象。3年之

內，創造亞洲優秀品牌酒店管理集團，將海航酒店集團建成一個以管理決策為核心、以市場銷售網路和管理訊息系統為平台的啞鈴式上市企業，並將海航酒店形象推向亞洲，樹立海航酒店集團的亞洲形象和地位。10年之內，創造國際優秀品牌酒店管理集團，在國際上擁有自己的完善酒店交換系統和資本營運體系，使公司在第10年成為一家世界上有名望的酒店管理集團。計畫到2008年的飯店數量達到50家，實現海航的飛機飛到哪兒，酒店就開到哪裡的願景。

海航酒店集團文化戰略目標：一是為中國創造一個優秀的航空服務品牌；二是為中國創造一個世界級的企業。

海航酒店集團的戰略定位：一是在全國各大城市修建和改建豪華商務飯店，二是繼續發展渡假和會議飯店，包括溫泉、高爾夫等特色主題飯店。在經營管理上自己收購，自己做業主，自己管理。

海航酒店集團目前已成功樹立了「中國旅遊房地產經典品牌」、「中國產權酒店第一品牌」的形象。

案例分析

所謂飯店品牌文化戰略是指，在品牌核心價值體系指導下，透過各種途徑傳播品牌的核心價值觀，建立自己的飯店品牌文化，並以此培養顧客忠誠度，最終透過品牌文化營銷的方式，建立一個強大的飯店企業集團。

海航酒店品牌，說到底就是海航酒店集團的飯店文化品牌。品牌和文化是相輔相成的，文化是品牌的基礎，品牌是文化的提煉。海航酒店集團「誠信、業績、創新」的文化理念，是其品牌的靈魂。

海航酒店集團的品牌文化大致可以分為兩種：一是海航酒店集團品牌文化，二是海航酒店集團產品品牌文化。當然，在一般情況下，品牌文化和產品品牌文化往往是重疊在一起的。為了使讀者更明確一些，下面分別分析。

1.海航酒店集團的品牌文化

海航酒店集團品牌文化，是價值觀的結晶。海航酒店集團在培育其卓越的品

牌文化方面，下足了工夫的。如要求所有員工都必須學習《中國傳統文化導讀》和《員工手冊》以及《精進人生》，中階層以上管理人員都必須接受「三為一德」的培訓，促使所有員工都遵從於酒店特定品牌的信念和行為，從而使品牌能提供帶有高度價值和附加價值的服務品質，向顧客兌現品牌承諾，使客人達到百分之百的滿意。此外，海航酒店從建築到陳設，都充滿了中國傳統文化的氣息。海航酒店集團的品牌文化，凝聚了該酒店集團的經營思想和營銷理念，並已成為飯店文化重要的組成部分，成為品牌文化向外輻射、擴張的資本。

2.海航酒店集團的產品品牌文化

海航酒店集團的產品品牌文化，是指在產品品牌基礎上形成的一種新的品牌文化。如海航連鎖產權酒店，就是海航酒店集團一個重要的產品體系，旗下已建立了四個系列產品，其產權酒店業主已分布在中國各大省、市、自治區及日本、英國、荷蘭、西班牙等國家。它之所以受到投資者的青睞，在很大程度上是產品品牌文化產生的效應。因為規範化的操作，以及酒店產品品牌與包裝設計都較佳地體現了海航酒店的整體文化氛圍，體現中國傳統的文化主流，形成了獨特的個性化和功能化的消費環境。

飯店文化的底蘊是品牌的生命力。淺層的文化易模仿，但深厚的品牌文化底蘊，卻是拿不走也學不好的，因為它是長期積累與沉澱的結果。

案例啟示

實施飯店品牌文化戰略，必須從以下幾個方面做起：

1.必須建立品牌文化體系

對不同消費群以及對同一消費群的不同產品，應該有不同定位的品牌文化，因此要明確飯店品牌內涵及其價值對消費群的承諾、品牌附加價值等因素，明確消費群特定產品的品牌內涵及其價值等。海航酒店集團在建立品牌文化體系時的定位十分清晰：一是在全中國各大城市修建和改建豪華商務飯店；二是繼續發展渡假和會議飯店，包括溫泉、高爾夫等特色主題飯店；三是開發產權式酒店。在

經營管理上自己收購，自己做業主，自己管理。

2.必須建立酒店品牌文化管理體系

品牌文化管理體系包括品牌內部管理和外部文化管理兩個體系。品牌文化內部管理體系，就是針對品牌文化的定位，從認識上進行高度一致的合作，透過各種管理的行為，包括現場管理、服務意識、營銷體系等全過程進行品牌聯合；品牌文化外部管理體系，就是要透過各種媒體或載體，圍繞品牌文化核心進行傳播。但是，品牌文化的傳播與品牌傳播的著重點不一樣，它主要的傳播方式不是廣告這樣的硬性載體，而是藉助各種宣傳媒體進行長期的潛在滲透，讓顧客在潛移默化中接受文化的感染。

3.持之以恆地實施飯店品牌文化戰略

飯店品牌文化戰略的實施，需要較長的時間，在這段時間內，要對品牌文化的實施進行全面監控，在品牌文化定位的基礎上，要防止品牌文化的變異，在各種載體上要對品牌文化做全方位校驗。必要的市場調查是品牌文化形成的基礎，完善的品牌監控體系是品牌迅速形成的制度保障。

4.必須不斷優化飯店品牌文化

優化飯店品牌文化，是指在品牌文化的形成過程中，根據市場和顧客的需要，不斷檢驗品牌文化的定位和延伸，在此基礎上進行品牌文化的創新或整合的過程。同時，要和客人保持良好的溝通，以提高理解能力和品牌文化的融入性。

資料來源

1.許暉・過程就是人生的主旋律・中國經濟時報

2.單憬崗・海航酒店集團進入全球300強・海南日報

3.蘇群・海航酒店集團迅速擴張・中華工商時報

4.海航集團網

案例思考

1.什麼是飯店品牌文化戰略？

2.海航酒店集團在實施品牌文化戰略過程中，有什麼值得學習和借鑑的地方？

8-5 青島海景花園酒店——建立自己的飯店文化系統

案例介紹

1.基本情況

青島海景花園酒店是由國家發展和改革委員會投資興建，集住宿、餐飲、娛樂、商貿於一體的花園別墅型五星級酒店，1995年開幕，2002年改制並重新裝修，占地50多畝，依山傍海，歐陸式建築，呈園林式格局。酒店擁有各類套房26種，218套（間），還有中餐廳、西餐廳、酒吧、日式料理，餐位近1000個，另有大小會議室4間和撞球室、桌球室、保齡球場、網球場、室內外海水淨化恆溫泳池、DISCO舞廳、卡拉OK歌舞廳等休閒娛樂設施。

青島海景花園酒店連續多年榮獲「山東省優秀星級酒店」，和青島市「十佳酒店」稱號。2005年，「親情一家人」服務品牌，被評為青島市和山東省著名服務品牌。

2.酒店文化概述

1998年，「海景」確定了「文化制勝」戰略，並成立專門機構，全面導入文化管理機制，開始了系統的「觀念開發」和「精神塑造」，使酒店文化的創建和生成從「自在」走向「自為」。其酒店文化主要有如下內容：

（1）價值觀念：真情回報社會，創造民族品牌。

（2）酒店宗旨：創造和留住每一位顧客，把每一位員工塑造成有用之才。

（3）經營理念：把客人當親人，視客人為家人，客人永遠是對的。

（4）海景精神：以情服務，用心做事。

（5）感情價值：感情常常比語言本身更重要，我們必須尋找隱藏在語言下面的感情，那才是真實有效的訊息。

（6）海景作風：反應快，行動快。

（7）品質觀念：注重細節，追求完美。

（8）道德準則：寧可酒店吃虧，不讓客人吃虧；寧可個人吃虧，不讓酒店吃虧。

（9）生存意識：居安思危，自強不息。

（10）憂患意識：一個無法達到顧客期望和滿足顧客需求的酒店，就等於宣判了死刑的酒店。

（11）管理定位：管理零缺點，服務零距離。

（12）管理方針：高、嚴、細、實；三環節；三關鍵。

高——高起點、高標準、高效率。

嚴——嚴密的制度、嚴格的管理、嚴明的紀律。

細——細緻的思想工作、細微的服務、細密的工作計畫和檢查。

實——安排工作要落實、開展工作要扎實、反映情況要真實。

三環節——班前準備、班中督導、班後檢評。

三關鍵——關鍵時間、關鍵部位、關鍵問題。

（13）管理風格：嚴中有情，嚴情結合。

（14）企業成功要訣：追尋顧客的需求，追求顧客的讚譽服務。

（15）管理成功的要訣：細節、細節、還是細節，檢查、檢查、還是檢查。

（16）優質服務成功要訣：熱情對待你的顧客、想在你的顧客之前、設法

滿足顧客需求、讓顧客有一個驚喜。

（17）做事成功要訣：完整的管理工作鏈必須有安排、有檢查、有反饋；凡事以目標結果為導向，事事追求一個好的結果；無須別人催促，主動去做應做的事而不半途而廢；事業的成功，需要百折不撓、堅韌不拔的精神。

（18）服務差異觀：有效服務和無效服務的差別，在於感受、誠意、態度和人際關係技巧的不同。

（19）顧客認識觀：顧客不是蛋糕上的糖霜——他們是蛋糕，糖霜是由優質服務帶來的良好信譽和豐厚利潤。

（20）制勝法寶：用信仰塑造、錘鍊、建設一個和諧的團隊。

（21）做好四個「服務」：上級為下級服務，二線為一線服務，上工序為下工序服務，全員為客人服務。

（22）做好五個「相互」：相互尊重、相互理解、相互關心、相互合作、相互監督。

（23）堅持六項準則：上級為下級服務，下級對上級負責，下級出現錯誤，上級承擔責任；上級可越級檢查，下級不允許越級請示；下級可越級投訴，上級不允許越級指揮；上級關心下級，下級服從上級；上級考評下級，下級評議上級。

（24）海景發展三要素：好的理念、好的機制，創新行動。

（25）形象模式：品質高尚、意識超前、作風頑強、業務過硬。

（26）七項行為標準：對顧客要真誠，對企業要熱愛，對員工要負責，對工作要執著，對上級要忠誠，對下級要培養，對同事要幫助。

案例分析

飯店文化本身是一個由諸多要素組成的龐大系統。青島海景花園酒店根據自身的實際狀況和特點，將飯店文化各構成要素整合在一起，對經營管理活動產生

了直接的效果。

從系統論的觀點來看，青島海景花園酒店的文化，是一個包括各種要素（子系統）的大系統，總體分為三個子系統。

1.物質文化系統

飯店物質文化體系是透過各種有形的具體實物所表現出來的文化，是飯店經營與管理運行的物質基礎，也是飯店行為文化和精神文化存在和發展的前提。青島海景花園酒店的歐美建築特色、園林式格局，以及各種產品和功能服務，都反映了它特有的文化內涵，對滿足消費者各種需求產生著非常重要的作用。

2.行為文化系統

行為文化，是社會意識的產物。青島海景花園酒店的行為文化，是在工作和生活中逐漸形成或制定出來的，如青島海景花園酒店的「堅持六項準則」、「管理方針」、「企業成功要訣」、「管理成功的要訣」、「優質服務成功要訣」、「做事成功要訣」、「服務差異觀」、「顧客認識觀」、「七項行為標準」等等，都是行為文化的具體體現，雖然寫在紙上，卻保留在「海景花園酒店人」的頭腦中。酒店員工作為行為文化的主體，必須共同遵守管理與服務規範，這是約束或調節酒店在經營管理活動中人與人之間、個人與整體之間、各個部門之間、各個環節之間種種關係的保障，同時也是滿足社會群體對消費文化多種需求的主要內容之一。

3.精神文化系統

精神是透過思維活動而形成的精神追求所表現出來的文化。人的思維活動過程是一切社會意識的產生、傳播和變化發展的過程。其中為人們所共有、又比較穩定的思考方式同樣代表文化。青島海景花園酒店的精神文化，是其群體意識，包括酒店宗旨、價值觀念、經營理念、海景精神、海景作風、品質觀念、道德準則、生存意識、憂患意識等等，它能激發人的工作熱情和創造力，從而使酒店產生良好的經濟效益和社會效益。因此，青島海景花園酒店的精神文化，決定著酒店經營管理活動的品質，是飯店文化的靈魂。

青島海景花園酒店的文化系統，可以說比較完整，關鍵在於要將其三個系統統一、協調起來。

案例啟示

現在，中國已有一些飯店建立起自己的飯店文化系統，但是否真正深入人心，真正落實，就很難說了。

首先，飯店的物質文化系統並非很難建立，難的是行為文化、精神文化的構建與實施。要將在紙上、牆上、口頭上的文化內容化為實際工作和具體行為，則是一項長期的系統工程，必須上下一致，把握不懈，持之以恆，才能使之逐步形成員工所共有的思想觀念、思維模式和行為習慣。

其次，要將飯店的物質文化、行為文化和精神文化整合起來，使之形成互相作用和互相制約的整體系統。因為飯店文化的這三個子系統構成了不同層次、不同內容、不同性質、不同功能，而又互相聯繫、互相依存、互相作用、互相制約，具有多重性、辯證的統一整體。如物質文化系統是整體系統的基礎，它是行為文化系統和精神文化系統存在和發展的前提；行為文化系統是整體系統的關鍵，沒有合理的、完善的行為文化，就不能保證物質文化和精神文化健康、協調發展；而精神文化系統則是整體系統的主導，它決定和確保物質文化和行為文化建設的發展方向。顧此失彼，或厚此薄彼，都是飯店文化塑造之大忌。

資料來源

宋勤，張正紅，趙志惠．酒店新文化——青島海景花園酒店的管理和服務經驗．北京：中國計畫出版社

案例思考

1.飯店文化通常包括哪三大子系統？如何才能使它們整合起來？

2.在青島海景花園酒店的飯店文化系統中，你認為有哪些是值得借鑑的？

8-6 北京溫特萊酒店——創新飯店文化

案例介紹

1.基本情況

北京溫特萊酒店位於中國北京市區東部中央商務區（CBD），是一家三星級「金鑰匙」商務酒店，擁有標準房、單人房、行政陽光房、標準大床房、標準套房等全新房型，共計200間（套）。另外，酒店擁有提供國際自助式美食、義大利式西餐的綠色家園西餐廳和明日香酒吧；有用於商務會議、談判及業務培訓的40人至150人不等的會議中心，和專為VIP準備的貴賓廳、寬頻網路服務等商務設施和物業服務。

2.創新飯店文化

北京溫特萊酒店擁有4把「金鑰匙」，是北京市擁有「金鑰匙」最多的酒店之一，它建立了以人性化、規範化、體系化為核心的飯店文化管理模式，確定了以人為本、誠信服務、特色經營、管理創新的品質方針，並緊密結合「金鑰匙」組織，將「金鑰匙」服務理念植入飯店文化之中，堅持「先利人，後利己，滿意加驚喜，在客人的驚喜中找到富有的人生」的服務承諾，不斷打造北京溫特萊酒店「一個沒有冬天的酒店」的服務品牌，使賓客無處不感受到溫特萊人真誠而賦有文化意味的溝通與幫助。北京溫特萊酒店在飯店文化建設過程中，將創新滲透到酒店各個經營管理組織領域，主要做到了以下幾點：

（1）創新飯店文化理念。北京溫特萊酒店創新思路是：以「高」字為基，以「新」字當頭，以「實」字為本，切合實際，突顯重點，領先一步，不斷鞏固和發展。在酒店理念、價值觀的內化過程中，北京溫特萊酒店特別注意強調幾個方面：一是酒店領導者以身作則、言行一致，恪守自己所提倡的文化理念和價值觀。二是酒店領導者不斷向員工灌輸文化理念、價值觀。三是酒店領導者靠例行的典禮和儀式，不失時機地宣揚文化理念和價值觀。如在全員「員工手冊宣講大會」上，全體誦讀服務理念；在店慶活動中，將酒店服務理念作為重點宣傳內容

等等。

（2）創新以人為本的管理方式。北京溫特萊酒店的傳統、風氣和創新意識，構成了「人人是人才」的觀念，尊重人，信任人，塑造人，把以人為本放在酒店經營管理的主體地位上，強調文化認同和群體意識的作用，反對單純的強制管理，注重在汲取傳統文化精華和先進管理思想的基礎上，建立明確的價值體系和行為規範，以此實現酒店目標和個人目標的結合，從而達到酒店內部物質、精神、制度的最佳組合和動態平衡。同時，酒店建立了為員工制定「個人職業生涯發展規劃」的制度、「公務公開」制度和「每日員工工作日誌」制度等，將員工同樣視為飯店文化的主體，讓他們共同參與飯店文化創新活動，使員工與酒店保持親密性，並帶來和諧與效率。

（3）創新飯店產品。飯店產品的創新，是北京溫特萊酒店飯店文化建設的重要內容之一，並在整體產品和細節中充分表達其飯店文化理念和企業精神，同時制定了針對飯店產品創新的基本原則：一是準確而深刻；二是有個性特色；三是簡潔而生動；四是貼近市場；五是適合跨行業、跨地區、跨國度的經營；六是適合對知識工作者的管理；七是能夠對員工、賓客、供應商、消費者等需要做出迅速反應；八是創立文化禮儀。同時，北京溫特萊酒店十分注重在北京CBD商務區中的形象，並不斷完善商務會議、談判活動及業務培訓、商務客戶群需要的會議服務、會議設施、商務中心等，突顯商務性，寬頻入客房，滿足商務需求。為顧客提供各種不同的創新型、特色型產品，推出了女性客房、奧運冠軍房、無菸客房、中式客房、明星客房、金鑰匙執行官房、貴賓房等。女性客房為女性賓客提供專項服務內容和衛生用品，從客房布局到環境，都有明顯區別於普通客房之處。酒店中餐廳以「老順湘粵樓」來拓展店內與店外市場，並為有特殊需求的賓客提供具北京風味的菜餚，以國際品質管理體系和環境管理體系來保障賓客對服務的滿意度。

案例分析

在飯店管理活動中，人是主體，要調動人的主觀能動性，最大限度地發揮人

的潛力，不僅要用科學技術、經濟手段，更重要的是要有飯店文化創新手段。

飯店文化是現代飯店賴以生存和發展的精神支柱，是飯店管理的最高境界。根據飯店市場的需求，與時俱進，不斷創新飯店文化，是飯店的生存發展之道。

北京溫特萊酒店的飯店文化創新，是動態的、發展的，其做法主要有如下特點：

1.針對核心理念，創新飯店文化

飯店文化是各種有形的物質文化及無形的精神文化的集合體，它蘊含並滲透於飯店的各個方面，如生產、服務、營銷、管理、培訓等等。一個成功的現代飯店背後，必然有一整套現代經營理念，如管理理念、經營理念、市場理念、競爭理念、團隊理念等等，這些理念在現代經營管理體系中處於首要地位。它是飯店生存和發展的靈魂。對內，它是推動廣大員工達成共同使命感、責任感，一種崇高的精神力量；對外，它是爭取廣大顧客乃至社會公眾信任和愛戴的一面旗幟。

溫特萊酒店將核心理念創新作為飯店文化建設的基礎和關鍵內容，改變了過去單純層面上解決問題的思維方式，重新確定和認識飯店文化，將飯店價值觀形象地深入理念「一個沒有冬天的酒店」之中，使其成為飯店文化的核心內容。對擁有共同價值觀的北京溫特萊酒店來說，共享的價值決定了酒店的基本特色，也決定著北京溫萊特酒店區別於其他競爭者的特質。這一理念和價值觀對北京溫特萊酒店的生存和發展，具有重要的作用，它是北京溫特萊酒店生存的基礎，也是北京溫特萊酒店走向成功的精神動力。核心理念的創新，為北京溫特萊酒店的飯店文化建設做了重要的推動作用。

2.針對服務對象，創新飯店文化

客人的一般消費心理總是求新、求異、求變的，對於異地的各種文化，往往表現得樂意接受。但是，創新服務不能強加於人，要提供客人多種選擇性，並尊重客人的選擇，做好個性化服務。北京溫特萊酒店在整體產品和服務細節中，充分表達其飯店文化理念和企業精神，並制定了八條創新原則，提供顧客各種不同的創新型、特色型產品。如女性客房、奧運冠軍房、無菸客房、中式客房、明星

客房、金鑰匙執行官房、貴賓房等特色客房，為商務賓客提供了溫馨、安全、高雅、快捷的服務。同時，溫特萊酒店為確立在北京CBD商務區中的形象，不斷完善商務會議、談判活動及業務培訓、商務客戶群需要的會議服務、會議設施、商務中心等。這些針對服務對象的產品文化創新，使客人能獲得最高的文化附加價值。溫特萊酒店的顧客消費意識和對高附加價值的追求，極大地滿足了服務對象的心理需求，並成為溫特萊酒店文化創新的重要內容。

3.針對管理現狀，創新飯店文化

飯店管理的實質，就是對飯店組織內部資源的有效整合，提高酒店的勞動效率，降低酒店的交易成本，從而提高酒店的營業利潤。創新飯店文化，是創新飯店管理模式和改善飯店管理現狀的基礎。

溫特萊酒店的飯店文化創新，已經把文化滲透到飯店的日常管理當中，用價值觀、企業精神、經營目標等去影響、支配員工的行為，並構成了溫特萊酒店「人人是人才」的觀念，如為員工制定「個人職業生涯發展規劃」制度、「公務公開」制度和「每日員工工作日誌」制度等，強調的是文化認同和群體意識的作用，為酒店建立了明確的價值體系和行為規範，使溫特萊酒店達到了內部物質、精神、制度的最佳組合和動態平衡。

案例啟示

現代飯店面臨的一個頗為直接而重要的問題是：文化能否幫助飯店實現經濟與社會價值？這是一個很值得深思的問題，也是讓人為此思索的話題。一些中外知名的飯店從小「做大」，從弱「做強」，無不與飯店文化密切相關。一方面，飯店透過飯店文化創新，努力加強員工精神塑造，培育聚合人心、優化組織、整合資源的能力；另一方面，這些能力的提升又極大地加速了飯店適應市場、占領市場、競爭制勝的可能。飯店文化首先是一種精神狀態和專業能力的表現，是用一種綜合的知識體系和無形資產，來提高飯店的核心競爭力。

飯店文化創新，涉及飯店經營管理、開拓發展等各方面的創新，它追求的是

一種精神、一種力量。它來源於飯店所有人內心的精神和智慧。

飯店文化創新，強調的是「以人為本」，這是核心價值觀最基本的內容。要創新飯店文化，必須踐行「以人為本」的時代理念，強調在平時的工作實踐中，時時處處體現尊重員工、關心員工、愛護員工的精神，時時處處堅持以「誠信」為基礎，教育和引導員工愛班敬業，強調人與人之間，人與飯店之間，飯店與其他企業之間的「誠信」原則，同時，更要教育和引導員工堅定地樹立起以創造價值為追求的目標，使員工增強危機感、緊迫感、責任感，變壓力為動力。

飯店文化創新，並不只是管理人員的事，也不是哪個部門，更不是哪個人的事，它需要飯店及員工的共同追求與奮鬥。

資料來源

1.賈萃萍·溫特萊酒店企業文化營銷·中國公關網

2.溫特萊酒店網

案例思考

1.不同的飯店有不同的文化創新之路，你認為創新飯店文化的關鍵是什麼？

2.飯店文化創新應該從哪些方面著手？

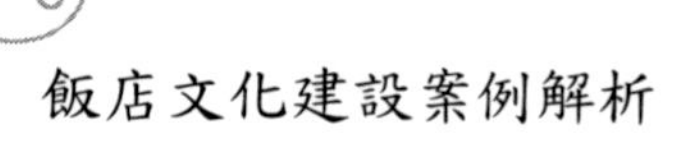

後　記

早在1995年，我就有寫一本飯店文化專著的想法。當時，在接受本地一家媒體專訪時，我談到了。結果該報在刊登的《翱翔旅遊天地間——讀魏星及其專著》一文中，竟將我的這一想法寫了出來。白紙黑字，閱者皆知。此言既出，若不兌現，難免有吹牛之嫌。

十幾年過去了，我一直沒有兌現，也沒有動筆，原因很多。一是當時中國的飯店文化建設還不完善，資料收集有困難；二是對於怎樣表現飯店文化，本人還沒有系統和成熟的思考；三是一直在研究和寫作其他相關課題，即企業經營管理與文化方面的問題，已先後出版了《經營頭腦》（中國經濟出版社）、《一語道破商機》（中華工商聯合出版社）等著述，有關飯店文化建設的課題，也就擱置下來了。

儘管如此，我關注飯店文化建設的目光從來沒有倦怠過，並一直注意收集相關資料和訊息。2004年以後，我才開始靜心研究飯店文化，並完成了一本書的初稿。

去年初秋，我在與旅遊教育出版社的賴春梅老師交流時，談到了飯店文化的問題，她問我能否再寫一本從案例解析的角度論述飯店文化建設的書，作為其策劃的「旅遊案例精選解析叢書」之一。我當即欣然應允，認為這是一個極好的創意！以案例解析的形式論述飯店文化建設，好就好在能將抽象的理論具體化，好就好在其理論與實踐的結合性，好就好在具有指導性與實用性！

於是，我把手頭的其他工作暫時放了下來，集中時間和精力來「突擊」賴春梅老師安排的這項光榮但並不艱鉅的任務。之所以說「不艱鉅」，是因為我在旅遊管理部門工作過多年，在飯店文化建設方面積累了一些資料，並有自己研究的

飯店文化建設理論作為基礎，我想寫起來應該是得心應手的。經過幾個月的「奮戰」，這本書終於在春節期間的喜慶爆竹聲中完稿了。

本書所解析的案例，既有中外一些著名飯店，也有一些並不知名的飯店；既有規模較大的飯店管理集團，也有規模較小的單一飯店；既有豪華飯店，也有經濟型飯店；既有中國人自己管理的飯店，也有中外合資合作的飯店；既有經營成功的飯店，也有不成功的飯店；既有經濟發達地區的飯店，也有欠發達地區的飯店。其中有些飯店我是實地考察過的。總之，本書選取的案例都有一定代表性、典型性。不同地區、不同需要的讀者，如飯店經營管理人員、從事飯店管理研究的專家學者，或大專院校飯店管理專業的師生，基本上可以從中找到可供參照與借鑑的案例。

由於個人水準有限，看問題的角度不同，在對案例分析時，有的純屬個人觀點，不一定正確，分析也不一定十分透徹，望業內行家學者不吝教正。同時，本書也參考了一些書報刊及網上資料，已一一註明，謹向作者表示衷心感謝，如有遺漏，則深表歉意！在此，要特別強調說明的是，歡迎讀者諸君的批評，與同好交流切磋也是人生一大樂事。

魏星

國家圖書館出版品預行編目(CIP)資料

飯店文化建設案例解析 / 魏星 編著. -- 第一版.
-- 臺北市 : 崧博出版 : 崧燁文化發行, 2019.02
面 ; 公分
POD版

ISBN 978-957-735-644-4(平裝)

1.旅館業管理 2.旅館經營

489.2 108001285

書　名：飯店文化建設案例解析
作　者：魏星 編著
發行人：黃振庭
出版者：崧博出版事業有限公司
發行者：崧燁文化事業有限公司
E-mail：sonbookservice@gmail.com
粉絲頁　　網　址：
地　址：台北市中正區重慶南路一段六十一號八樓 815 室
8F.-815, No.61, Sec. 1, Chongqing S. Rd., Zhongzheng Dist., Taipei City 100, Taiwan (R.O.C.)
電　話：(02)2370-3310 傳　真：(02) 2370-3210
總經銷：紅螞蟻圖書有限公司
地　址：台北市內湖區舊宗路二段 121 巷 19 號
電　話：02-2795-3656　傳真：02-2795-4100　網址：
印　刷：京峯彩色印刷有限公司（京峰數位）

定價：450 元
發行日期：2019 年 02 月第一版
◎ 本書以POD印製發行